壹
卷
YE BOOK

让思想流动起来

西方传统 经典与解释
Classici et Commentarii

HERMES

柏拉图注疏集

刘小枫 ◎ 主编

柏拉图的数学哲学

Plato's Philosophy of Mathematics

[瑞典] 安德斯·韦德博格 著

刘溪韵 译 梁中和 校

四川人民出版社

图书在版编目（CIP）数据

柏拉图的数学哲学 ／（瑞典）安德斯·韦德博格著；
刘溪韵译. —— 成都：四川人民出版社，2022.9
（"经典与解释"西方经典 / 刘小枫主编）
ISBN 978－7－220－12618－5

Ⅰ. ①柏… Ⅱ. ①安… ②刘… Ⅲ. ①数学哲
学－哲学思想－研究 Ⅳ. ①O1－0

中国版本图书馆 CIP 数据核字（2021）第 247614 号

BOLATU DE SHUXUE ZHEXUE

柏拉图的数学哲学

（瑞典）安德斯·韦德博格 著

刘溪韵 译
梁中和 校

出 版 人	黄立新
策划统筹	封 龙
责任编辑	葛 天　冯 珺
版式设计	戴雨虹
封面设计	李其飞
责任印制	周 奇
出版发行	四川人民出版社（成都三色路 238 号）
网 址	http://www.scpph.com
E-mail	scrmcbs@sina.com
新浪微博	@四川人民出版社
微信公众号	四川人民出版社
发行部业务电话	（028）86361653　86361656
防盗版举报电话	（028）86361653
照 排	四川胜翔数码印务设计有限公司
印 刷	成都东江印务有限公司
成品尺寸	145mm×210mm
印 张	6.75
字 数	140 千
版 次	2022 年 9 月第 1 版
印 次	2022 年 9 月第 1 次印刷
书 号	ISBN 978－7－220－12618－5
定 价	76.00 元

古典教育基金·蒲衣子资助项目

"柏拉图注疏集"出版说明

　　"柏拉图九卷集"是有记载的柏拉图全集最早的编辑体例，相传由亚历山大时期的语文学家、数学家、星相家、皇帝的政治顾问忒拉绪洛斯（Θράσυλλος）编订，按古希腊悲剧演出的结构方式将柏拉图所有作品编成九卷，每卷四部（对话作品 35 种，书简集 1 种，共 36 种）。1513 年，意大利出版家 Aldus 出版柏拉图全集，被看作印制柏拉图全集的开端，遵循的仍是忒拉绪洛斯体例。

　　可是，到了 18 世纪，欧洲学界兴起疑古风，这个体例中的好些作品被判为伪作；随后，现代的所谓"全集"编本迭出，有 31 篇本或 28 篇本，甚至 24 篇本，作品前后顺序的编排也见仁见智。

　　俱往矣！古典学界约在大半个世纪前已开始认识到，怀疑古人得不偿失，不如依从古人受益良多。回到古传的柏拉图"全集"体例在古典学界几乎已成共识（Les Belles Lettres 自上世纪 20 年代始陆续出版的希法对照带注释的 *Platon CEuvres complètes*，以及 Erich Loewenthal 在上世纪 40 年代编成的德译柏拉图全集，均为 36 种＋托名作品 7

种），当今权威的《柏拉图全集》英译本（John M. Cooper主编，*Plato*, *Complete Works*, Hackett Publishing Company 1984，不断重印）即完全依照"九卷集"体例（附托名作品）。

"盛世必修典"——或者说，太平盛世得乘机抓紧时日修典。对于推进当今中国学术来说，修典的历史使命不仅包括续修中国古代典籍，还得同时编修西方古代典籍。古典文明研究工作坊属内的"古典学研究中心"拟定计划，推动修译西方古代经典这一学术大业。我们主张，修译西典当秉承我国清代学人编修古代经典的精神和方法：精神即敬重古代经典，并不以为今人对世事人生的见识比古人高明；方法即翻译时从名家注疏入手掌握文本，考究版本，广采前人注疏成果。

"柏拉图注疏集"将提供足本汉译柏拉图全集（36 种＋托名作品 7 种），篇序从忒拉绪洛斯的"九卷集"。尽管参与翻译的译者都修习过古希腊文，我们还是主张，翻译柏拉图作品等古典要籍，当采注经式译法，即凭靠西方古典学者的笺注本和义疏本迻译，而非所谓"直接译自古希腊语原文"。如此注疏体柏拉图全集在欧美学界亦未见全功。德国古典语文学界于 1994 年着手"柏拉图全集：译本和注疏"，体例从忒拉绪洛斯，到 2004 年为止，仅出版不到 8 种；Brisson 主持的法译注疏体全集 90 年代初开工，迄今也尚未完成一半。

柏拉图作品的义疏汗牛充栋，而且往往篇幅颇大。这套注疏体汉译柏拉图全集以带注疏的柏拉图作品为主体，亦收义疏性质的专著或文集。编译者当紧密关注并积极吸收西方学界的相关成果，不急于求成，务求踏实稳靠，裨益端正教育风气、重新认识西学传统，促进我国文教事业的新生。

刘小枫　甘阳
2005 年元月

前言

本书原本完成于 1949 年，但由于种种原因，至今才得以面世。

我可能需要对本书的计划做一些解释。在第二章里，我简要回顾了一些众所周知且非常基础的，有关柏拉图时期的希腊数学的事实，以及柏拉图对此类数学知识的了解。第三章大体上勾勒出了柏拉图如何触及数学带给他的问题。这一章里涉及的大部分内容同样是众所周知的事实，虽然其中一部分内容以一种生僻的方式呈现。第四章和第五章论及柏拉图的几何哲学及算术哲学，这两章是本书的中心章节。为了不妨碍对柏拉图和亚里士多德的著作中相关篇章细节的解释，以及在某种程度上烦琐的讨论，我把这部分讨论放在了四篇附录之中。虽然读者可以独立于附录阅读第四章和第五章，但是这两章所述观点的论证大部分都见于附录。这种解读方式不可避免会导致一些重复的内容，还望读者包容。

我在引用柏拉图的著述时，原则上使用的是洛布（Loeb）古典丛书译本：《柏拉图作品集》（*Plato with an English translation*），卷 1—10（London- New York，1921—

1929；H. N. 福勒，W. R. 兰博及 R. G. 伯里译），以及
《理想国》 （*The Republic by Plato*），卷 1 － 2 （London-
Cambridge，Mass.，1935 － 1937；P. 肖里译），但是在引用
《斐勒布》（*Philebus*）时，我使用的是 R. 哈克福斯的《柏拉
图论快乐》（*Plato's examination of pleasure*）（剑桥，1944）。
在引用亚里士多德的著述时，我使用了牛津的译本：《亚里
士多德文集》（*The works of Atristotle*），W. D. 罗斯编译
本，卷 1、2、8、9（牛津，1928，1930，1908，1915；G. R.
G. 缪尔，W. A. 皮卡德－剑桥，R. P. 哈德，R. K. 盖伊及
W. D. 罗斯译）。我在这些译文里通常只做了个别非常小的
改动。能够征引这些译作，我要感谢以下出版单位：威廉·
海内曼出版社，剑桥大学出版社以及牛津大学出版社。

最后，我要感谢 Stig Kanger，他审读了第三章的论证，
并向我提出了一些有益的建议。

安德斯·韦德博格

第一章　问题

柏拉图（Plato）和他创办的学园（Academy）在数学作为体系化的纯科学发展中扮演了最重要的角色。柏拉图和他的追随者给予数学研究的重视引发了学园内部对数学研究的热度①。但柏拉图不只是促进了数学研究。在《柏拉图对话集》中，他也构建了数学哲学的框架，证明了它具有丰富的活力。尽管数学"柏拉图主义"（mathematical "Platonism"）的"怪异"形式或许由柏拉图本人创立，它在学园里已经被柏拉图自己的弟子抛弃，但有一种可以被视为"柏拉图式

---

① 有很多关于古希腊数学史以及柏拉图在其中的地位的文献。A. Diès 在他的《柏拉图全集》卷 VI 第 lxx 页（*Platon：Oeuvres complètes*，t. VI，Paris 1932 p. lxx）的序言中列举了 1932 年之前的一些更重要的书目。许多重要论文收录在《关于数学、天文学和物理学历史的起源与研究》（*Quellen und Studien zur Geschichte der Mathematik，Astronomic und Physik*，Abt. B：Studien，vols. 1—4，Berlin 1931—1938）一书中。

的"（Platonic）学说留存至今。① 我们在此要研究的是柏拉图的数学哲学，而不是柏拉图对数学知识整体的贡献，虽然他自己对数学的贡献可能微乎其微，但他的追随者们却做出了重要贡献。

虽然为了简便起见，本书题为《柏拉图的数学哲学》，但我们实际上只会考察源于同柏拉图相联系的那一部分数学学说。除了柏拉图本人的著作（对话集以及真实的柏拉图书信），还有亚里士多德（Aristotle）的著作当中涉及柏拉图哲学教义的那些部分，也是我们的一手文献。关于数学本质的理论主要有五类，它们或由柏拉图本人所提出，或由亚里士多德归功于柏拉图：

I. 在一个预先给定的集合中确定数学对象位置的理论；

II. 在理念（Ideas）世界中，与（非时间性的）所谓的理念数（Ideal Numbers）生成（generation）相关的理论；

III. 所有理念皆数的理论；

IV. 以空间和数学概念描述的可感世界（sensible world）的解释；

V. 有关数学方法论的观点。对话集中关于数学问题的讨论主要涉及第 I，IV 和 V 组当中的问题。

从属于 I 的思考多见于《斐多》（Phaedo）、《理想国》（Republic）、《斐勒布》（Philebos）、《泰阿泰德》（Theaetetus）以及《第七封信》（Seventh letter）。有关 IV 一手文献是《蒂迈欧》（Timaeus）。在《理想国》里，柏拉图以最明确的方式详述了 V。在《形而上学》（Metaphysics）

---

① 斯彪西波（Speusippus）和色诺克拉底（Xenocrates）继承了柏拉图学园掌门的位置，在几个重要的方面修改了柏拉图原有的解释，当然同样还有持不同意见的亚里士多德的解释。参见 W. D. 罗斯译亚里士多德《形而上学》卷 1 第 lxxi—lxxvi 页（Aristotle's Metaphysics, vol. 1, Oxford 1924, pp. lxxi-lxxvi）。关于亚里士多德的数学哲学，特别参见 T. 希斯《亚里士多德论数学》（Mathematics in Aristotle, Oxford 1949），以及 H. G. 阿波斯尔《亚里士多德的数学哲学》（Aristotle's philosophy of mathematics, Chicago 1952）。但是，根据所有这些关于数学的解释，数学关涉某种理念实在，这种理念实在以某种方式同感觉经验材料和物理现象相分离，这些关于数学的解释，直接或间接来自于柏拉图的学说。

的最后两卷中，亚里士多德给出了有关柏拉图的数学哲学的最丰富的信息。亚里士多德通常是批判性地涉及《柏拉图对话集》里的数学的观点，因此我们经常可以这样解释它们，即柏拉图本人的描述以及亚里士多德对自认为是柏拉图立场的评述进行比较研究。在一些案例中，也就是说，在第 II 组和第 III 组中，亚里士多德的证言是独立的——在柏拉图的著述中找不到任何确切的证明。对于第 II 组和第 III 组的理论应该如何解释，要形成一个切当的观点几乎不大可能[①]。

[①]　在 III 之后。根据亚里士多德的记述，柏拉图依据两个原则构造了理念数——即一和"大与小"（"模糊的二分体"）——这两个原则可能属于《斐勒布》23 c—26 d 中详尽阐述的同一个思想界（参见 16 c）。但是，我们很难假设《斐勒布》从有限到无限的混合类别的生成中也包括理念数的生成。理念数作为理念不能很好地用于指涉这个混合类别。

　　实际上，柏拉图在一些段落中暗示了生成数列的方法。《斐多》105 c 中把单子（monas）的出现说成是让奇数成为奇数的事物。我们所理解的这个生成方法似乎暗示了（i）每一个奇数都是由这样一个数的相加所构造，以及（ii）没有一个偶数是由这样一个数的相加所构造。这个段落没有提示偶数如何生成。但一个可能的合理猜测是，我们可以把偶数视为通过加倍，即通过乘 2 生成。如果这个解释正确，那么柏拉图在此处就是想到了从初始数 2 生成的数列，它是通过（i）n＋1 的运算被应用于任意给定的偶数 n，以及（ii）2×n 的运算被应用于任意给定的 n 所生成。即是说，这个数列构造如下：2、2＋1、2×2、2×2＋1、2×（2＋1）、……虽然，1 和 2 在这个构造方法中所扮演的角色让我们想起了一和模糊的二分体在亚里士多德的记述中所扮演的角色，但我认为，若把亚里士多德所谈及的理念数的生成和现在这个数列的生成等同起来则是错误的。《斐多》中的方法依赖于算术运算，并因此而仅仅适用于数学数而非理念数，这一事实已经禁止了这种等同。

　　同样，在《巴门尼德》143 a—144 a 中，柏拉图在某种意义上生成了这个数列。参见 II 12。这个生成同样是算术的，因此和理念数的本质不相容。在 IV 之后。所有理念都是数，这个学说在对话集里没有任何痕迹。相反，无论何时讨论到数的理念，它们都完全不逊于其他非数理念（non-numerical Ideas）。参见 I 9，10。

　　关于生成的问题，参见范·德·维伦（W. v. d. Wielen）《论柏拉图的理念》（*De ideegetallen van Plato*，*Amsterdam* 1941），这是一项针对理念数整体的详尽研究，广泛考察了生成问题的来源和前述解释。关于理念和数的等同，参见 W. D. 罗斯《柏拉图的理念论》第 15 章（*Plato's theory of Ideas*，Oxford 1951，ch. 15）。

《蒂迈欧》有关时空（spatio-temporal world）构造的学说是一个运用数学——尤其是几何学——概念的理论，但是，我认为，它并不暗示任何关于此类数学本质的特殊观点[①]。在本书中，我们不重点研究第 II 组到第 IV 组，虽然它们可能提出了最重要的问题。本书的主要目的是理解第 I 组柏拉图的理论，这些现存来源将为我们提供最确切的信息，并且会附带触及属于第 V 组的理论。

显然，我们在某种程度上可以非常清楚地确定柏拉图的第 I 组理论。通过对其作品的粗浅阅读，我们已经知道，柏拉图坚持有两个界域（reamls）的实体（entities），流变和可消亡的个别可感物（sensible particulars）的世界以及永恒理知存在（eternal intelligible being）的世界，而他认为纯数学与后者相关。永恒存在世界（the world of eternal being）中

① 一些人坚持认为，《蒂迈欧》里关于时空世界组成部分的学说，可以用数学中间物的理论进行解释。他们特别想到了这个段落（53 b），可感属性以混沌形式分布其中的原本无序的宇宙如何通过理型和数的方式变得有序，而这些理型发生于作为永恒存在理型副本的空间和时间中（50 c）。最近持这一观点的是 R. 哈克福斯《柏拉图论快感》第 41 页（*Plato's examination of pleasure*，Cambridge 1944，p. 41）。我认为这个解释没有必要，因为一个简单得多的解释就触手可及。柏拉图的意思可能仅仅是，作为元素［土（earth）、水（water）、气（air）和火（fire）］特征以及原本混沌分布的可感属性，通过定义明确的尺寸和形状的同质空间量聚集在一起：这些优美的量是理念的副本，正如——用理念论的术语来说——任何分有者都是它们所分有的理念的副本。如果有任何方式可以接近《蒂迈欧》里的中间物学说，那么在空间概念自身中寻找这个学说或许更为合理，这个空间概念如理念般永恒，但只能通过某种准推理（quasi-reasoning）得到理解，亦或只能像在梦里一样被看见（52 a-b）。如果柏拉图曾倾向于把理念几何符号——几何学中间物——看作构成一个连续空间的部分，那么这个空间似乎必须非常相似于《蒂迈欧》里的空间（我们把我们对空间的理解仅仅界定为一个梦，这是暗示《理想国》533 b-c 将数学界定为一个梦）。

最显而易见的元素（elements）——一些解释者认为是仅有的元素——是理念。进而一个毋庸置疑的事实是，柏拉图假设了某些数学理念的存在，其对于他而言是纯数学主题（subject-matter）的一部分。那么在柏拉图眼里，数学理念究竟是已经详尽地涵盖了为纯数学所研究的领域（domain）呢，还是这个领域亦包含有除理念之外的其他永恒实体？这是解释柏拉图学说时最富有争议的问题之一。在一定程度上，这也是本书的主要论题。

在亚里士多德看来，后者才是柏拉图的想法。如果亚里士多德的解释正确，那么柏拉图就是假设了两类数，"理念数"，即理念，以及"数学数"（Mathematical Numbers），它们不是理念，但依然分有理念所特有的存在模式。类似地，亚里士多德认为，柏拉图赞同两种形式的永恒几何实体（eternal geometrical entities），即几何理念（geometrical ideas）以及理念几何符号（ideal geometrical figures），它们不是理念，但和理念一样属于永恒物世界。数学数和理念几何符号被亚里士多德归在"中间物"（Intermediates）或"数学体"（Objectis of Mathematics）（mathematika）这一共同名称下。在亚里士多德的解释中，中间物的本质特征是数学理念的理念完美实例（ideal perfect instances），也是仅有的完美实例，它们在可感世界中是不可见的。亚里士多德对柏拉图的数学本体论（mathematical ontology）的分析可以总结成如下图表：

$$
[辩证数学和纯数学界]\left\{数学理念\left\{\begin{array}{l}理念数\\几何理念\end{array}\right.\right.
$$

$$
纯数学的具体界\left\{数学体\left\{\begin{array}{l}数学数\\理念几何符号\end{array}\right.\right.
$$

$$
纯数学界之外\left\{可感物\right.
$$

让我们把这个假设命名为柏拉图的假设 A。亚里士多德的解释无疑在一定程度上超越了——并且，在某种意义上甚至推翻了——柏拉图在自己著作任一片段里的明确表述。首先，亚里士多德用于分析的术语在柏拉图的著作中并不存在。柏拉图没有使用下列任何术语："理念数""数学数""中间物""数学体"。其次，柏拉图没有在任何一处明确断言，存在区别于理念本身的几何理念实例。根据一些柏拉图学者的观点[1]——但是我相信他们的观点是错误的——亚里士多德所指称为"数学数"的概念，在对话集中也没有得到明确提及。再次，虽然柏拉图反复述及了这几个数的理念：1、2、3……柏拉图本人对那些理念本质的解释仅仅同亚里士多德部分吻合：这两种解释在其他一些非常重要的方面有着醒目的矛盾。此外，亚里士多德也没有解释清楚一些概念之间的关系，他的解释甚至在一定程度上自相矛盾，这些概

① 参见 H. Cherniss《早期学园之谜》第 35 页（*The riddle of the early Academy*，Berkeley—Los Angeles 1945，p. 35），作者在其中解释了出自《理想国》526 a 和第 76 页的数学数概念并断言："这已经一次又一次得到证明，柏拉图没有在他的著述的任何章节认可数学数，也没有认可一方面同可感物相分离，另一方面同理念相分离的实在的符号。"

念据说是理念数和数学数的柏拉图式概念。最后，柏拉图通常是把一个简单的本体二分（ontological dichotomy）预设成了理念和可感物，而没有给数学体的中间类别留下空间。

鉴于此，一些柏拉图学者①彻底摒弃了亚里士多德的解释。他们希望用以下更简洁的图表来代替亚里士多德归于柏拉图的复杂本体论图表的上半部分：

$$纯数学界 \begin{cases} 数学理念 \begin{cases} 算术理念 \\ 几何理念 \end{cases} \end{cases}$$

我们可以把经过这个图表变形的假设称作柏拉图的假设B。但是有一些重要的事实不符合这一更为简洁的图表。让我们先来看看柏拉图如何解释数和算术。尽管遭到了知名专家的否认，但我相信柏拉图本人的话语已经证明了这一事实——尤其在《理想国》和《斐勒布》中——他假设了一类数的存在。根据柏拉图的描述，这一类数与他对理念的定义不相符，但事实上符合亚里士多德对于数学数的定义。与此同时，毫无疑问，柏拉图预先假设了一类理念数。《斐多》中对后一种假设做出了最清楚的陈述，柏拉图也似乎坚持并解释了这两种不同的数概念之间的区别。在《理想国》中，有一个论点预示了有关数的介绍，这个介绍与亚里士多德对于数学数的定义相符，它造成了这样一种效果，即数的理念

---

① 参见 Cherniss 前引作品，第 76 页，以及此处所参考的文献。

（numerical ideas）在感觉世界（the world of the senses）中没有任何真正实例。这证实了亚里士多德的部分主张，即在柏拉图看来，数学数是位于理念数和可感物世界之间的中间物。也就是说，这个主张的另一部分，在柏拉图看来，数学数自身是理念数的完美实例，至少《理想国》里的论点暗示了这一部分，而在《斐多》中则通过讨论数的理念进一步证实了这一点。于是，就柏拉图的算术哲学而言，其中有很多内容都与亚里士多德的解释相吻合。

我们不能轻易把柏拉图的几何学陈述看作是对亚里士多德的分析的核心支撑。在研究柏拉图的几何学观点之前，我们首先考察，大体上属于几何与算术的中间物假设可以在多大程度上符合柏拉图著述中体现的柏拉图哲学。

亚里士多德不仅告诉我们柏拉图假设了中间物，还解释了其中原因。现在，根据亚里士多德的解释，这些作为柏拉图的理由的命题，实际上在对话集中都能找到起源，并且更进一步说，它们事实上使几何与算术中间物的存在成为必要。的确如此，在认为哲学家明确相信一些命题的时候，我们必须谨慎。这些命题仅仅为这名哲学家自己在其中所表达过信任的命题所需要。显然，刚才提到的事实本身并没有显示柏拉图假设了任何中间物。但是我认为，如果柏拉图实际上表明了对属于算术类别的中间物的信任，那么我们在思考属于几何类别的中间物时，就不能忽略刚才提及的事实。

另一个与中间物的问题有关的事实是如此神秘，以至于人们为之争论不休的"线（the line）"喻（simile）出现在了

《理想国》卷 VI 中。至少从表面看来，这个明喻意味着理念实体世界（the realm of ideal entities）被分成了两类：理念，即辩证法所研究的物体，以及——没有被清楚指明的——数学科学（mathematical sciences）所处理的物体。对于柏拉图是否严肃坚持这样一个分类，学界至今尚存分歧。柏拉图此处的用语无疑是隐晦的：一方面，它将自己引向了一种亚里士多德式的解释，而另一方面，它似乎与这个解释相矛盾。或许我们可以适当地得出这样一个结论，即在是否存在一类与数学理念相区别的理念数学体（ideal mathematical objects）这一问题上，柏拉图并没有拿定主意：可以说他在这两个截然相反的选项之间犹豫不决。但是如果我们这样讲，那就扭曲了他的观点：在《理想国》里，他甚至没有考虑到存在单独的一类数学体的可能性。正如前文所述，柏拉图事实上在《理想国》中定义了一类数，这类数不符合他对理念的定义，他把这类数归于算术。虽然柏拉图在撰写《理想国》时或多或少被自己对数学主题的看法弄昏了头脑，但我认为他这是在探索一种本质上与亚里士多德式的图表相符的数学本体论。

前两段里提及的两个事实似乎把一个相当大的可能性导向（lend）了这样一个假设，即柏拉图（在某个时候以某种方式）达成了几何与算术数学中间物的假设。当我们现在回过头去搜寻关于几何中间物的相对更直接的暗示时，我们发现了一些这样的证据，它们的确不丰富，但是显然有利于这一判断。出现在《理想国》卷 VII 中的对当下几何学语言的评论在逻辑上预先假设了几何中间物的存在。其他一些对话集——《尤绪德谟》（*Euthydemus*）、《斐多》以及《斐勒布》中，也有一些段落承认甚或青睐这种解释，即那些段落同样预设了几何中间物的存在。

柏拉图一遍又一遍地讲述宇宙当中的理念世界和可感物世界的彻底分裂，这件事情实际上是对亚里士多德式的解释的抗辩。柏拉图经常表现出对清楚二分的偏好，甚至在他的教导内容所需要的、更加复杂的建构时也是如此。例如《斐多》坚持了本体二分，尽管灵魂这一作为整篇讨论的主题的事物在二分宇宙中并没有任何位置①。尽管同一个二分在《蒂迈欧》开篇出现，但在这部对话集的后阶段，空间被认为是一个第三实体（third entity），它不同于任一个与二分相符的分类（classification）②。但这并不意味着这不符合柏拉图写作的习惯，即他在自己承认数学中间物存在的著述中竟依然宣称本体二分。

---

① 《斐多》78 b—79 a 将存在物的宇宙分成两类：（i）非组合的、不变的、不可见的本质，即理念，以及（ii）组合的、变化的、可见的特殊物，它们分有理念。接下来，79 b-e 将灵魂陈述为更类似于前者而非后者，虽然它不属于任何一类。更靠后的文本 105 c-d 称，灵魂把生命理念（the Idea of Life）带给任个事物，正如在 103 c—105 c 中，火带来热的理念（the Idea of Heat），雪带来冷的理念（the Idea of Cold），或每一个偶数：2、4……带来偶的理念（the Idea of Evenness）以及每一个奇数：3、5……带来奇的理念（the Idea of Oddness）。

② 《蒂迈欧》27 d—29 d 将宇宙分为（i）具有永恒存在、不知道变化、是真实知识的对象，以及（ii）变化和消亡、从未真正存在、仅仅是可能观点的对象。52 a-d 把空间引进为第三类，它如（i）般永恒存在，尽管如此，我们也只能通过准确推理来了解它。

因而，我们在此需要提出对柏拉图的数学哲学进行解释或重构，并且在所有要点中，它都与亚里士多德的解释相吻合。柏拉图关于数学本质的陈述分散在他的对话集中，这些对话集大约历时四十年或五十年才完成。多数陈述都相当简短，其中也没有任何一个陈述囊括了我们意欲作为柏拉图的"数学哲学"进行收集和分析的全部观点。我们在《理想国》和《斐勒布》中可以看到、但是除非对它们同其他对话集中的陈述进行比较，否则它们也会让我们感到非常神秘。我解释柏拉图的方法可以形象地描述为投影。可以这么说，我把起源于不同时期柏拉图哲学思想的对话集中的陈述投射在了同时性平面（a plane of simultaneity）上。让我们使用"P-命题（P-propositions）"这一术语来命名属于这样形成的集合的命题。在同一个同时性平面上，我同样投射了这些命题。根据亚里士多德的解释，这些命题是柏拉图数学哲学的一部分。让我们把后一类命题称作"A-命题（A-propositions）"。和 P-命题相比较，A-命题被视为落在四种分类之中：（1）一些 A-命题与某些 P-命题一致；（2）一些 A-命题是我会形容为对某些 P-命题"合理概括"的命题：它们是相当精确的陈述，这些陈述作为一种普遍形式的假设出现，这些假设似乎为一些不大普遍的 P-命题所指。（3）一些 A-命题是 P-命题的近似推论（near consequences）：它们可以从 P-命题中衍生出来，并且这一衍生很短，换言之，仅仅涉及少数简单逻辑运算。（4）最后，一些 A-命题"十足地驳斥了"某些 P-命题：它们与某些 P-命题相矛盾，且矛盾十分明显。我把这些属于（1）到（3）类的 P-命题和 A-命题收集起来，形成了一套命题系统，我们暂且可以将这套系统命名为"系统 S"。我们发现，这个系统 S 呈现了高度"逻辑统一性（logical unity)"，它具有以下双重意义：（1）它"高度自洽（highly consistent)"：它只包含极少数矛盾，并且这些矛盾或许为柏拉图所"吞并"；（2）它"高度关联（highly connected)"：S 当中的所有命题，都能够很容易地从 S 当中的一小部分命题中衍生出来。在此，我把这个产生于投影的系统 S 首先视为柏拉图数学哲学。尽管我一开始削减了属于第（4）类的 A-命题，但我也不会将它们视作非柏拉图命题而彻底拒绝它们。对于系统 S 的进一步研究显示，它包含了某些矛盾，并且在这些矛盾的基础之上，我们可以很容易地得出相反的结论。我们也进一步发现，第（4）类中的一些 A-命题，以及它们与之相矛盾的 P-命题，代表着这些可能的相反结论。我设想了这样一种可能性，即系统 S 所包含的第（4）类 A-命题，是柏拉图实际上（在某个时候以某种方式）或许已经得出的结论。

先验的方法并非不证自明地具有历史效力。我们很容易提到某些哲学家，他们认为先验的方法会引导出完全错误的图景。同时，柏拉图本人的思想也有许多方面让这个方法明显不适用。以下就是我之所以做出这个假设的原因：我假设，通过对柏拉图关于数学的陈述这一方法所获得的一系列信念，它们作为整体有一个历史实在，它不仅仅是分散于柏拉图生平中不同时期的不同存在：（1）亚里士多德的证词；

（2）柏拉图在不同时期关于数学的陈述，以这样一种方式相重叠，即见于一篇对话集的一个命题，从不会同见于另一篇对话集的一个命题明确分离；（3）这个体系的核心同时包含在《理想国》和《斐勒布》之中；（4）这个体系展现出来的逻辑统一程度让这一假设变得合理，即柏拉图（以他经常表现出来的敏锐）以某种方式把这个体系看成了一个互相关联的整体。

柏拉图在他的哲学作家生涯开始时，就已经想出了我在此称为他的数学哲学的学说，这当然不可思议。因此这个问题就被抛给了我们：柏拉图在什么时候提出了我们在此将要分析的这一学说？这个答案必然会相当模糊。我们只能重复已经说过的话，即这个学说的核心见于《理想国》和《斐勒布》，柏拉图在亚里士多德认识他的时候也一定教授了这个学说。

柏拉图从不是一个特别成体系的作家，他的重要观点往往以随意的方式陈述，他也常常满足于仅提供读者或许能也或许不能明白的暗示。因此，关于理念几何物体（ideal geometrical objects）在对话集的任何部分都没有得到清楚无误地陈述这一事实，并不足以否认该学说为柏拉图所持有。此外，据亚里士多德所言，我们也发现，数学哲学并不是从一开始就享有了它在柏拉图后期思想中获得的统治地位①。

_____

① 亚里士多德在《形而上学》1078 b 9-12 中区分了理念论的晚期形式和原始形式，在晚期形式中，理念同数的本质相联系，而原始形式没有假设此类联系。

我们知之甚少的柏拉图关于善（the Good）的著名讲义也证明了老年柏拉图信奉一种数学化的哲学（mathematizing philosophy），他在某些方面甚至远远超越了对话集所暗示的内容①。亚里士多德曾经将柏拉图所谓的"未成文学说"，引述为他的（学说的）来源②。因此我们自然可以假设，亚里士多德有关柏拉图数学哲学的阐述，特别指涉柏拉图的晚期思想以及亚里士多德归于柏拉图的数学哲学，在柏拉图晚年时期第一次获得了确定形式，并且柏拉图一直没有时间将其公开出来。

我们在第三章里要谈及理念论的基本矛盾（fundamental antinomy），它必定倾向于将 A 和 B 两个选项之间的区别模糊化。作为这个矛盾的结果，圆的理念（the Idea of the Circle）自身拥有两个方面：一方面，它是圆（Circularity）的抽象属性；另一方面，它是一个圆（circle），是理想、完美、标准的圆。因此，几何理念的公设（postulation）自身，就暗含了某些理念几何物体的假设。如果柏拉图没有成功解决这个矛盾，那么认清这两个选项之间的区别，并确切地解释有别于几何理念假设的理念几何物体假设，对柏拉图而言就一定很困难。这一思考给以下理论进一步提供了合理依据：亚里士多德透露了柏拉图晚期的哲学有部分尚未出版

---

① 关于这篇演讲，参见范·德·维伦前引作品，P. Wilpert《亚里士多德理念学说的两个早期文本》（*Zwei aristotelische Frühschriften über die Ideenlehre*，*Regensburg* 1949），以及 W. D. 罗斯《柏拉图理念论》。
② 《物理学》209 b 11—17。

（显然，我们必须对属于第 II 组和第 III 组的学说做同样的考量，但我在目前的论述中会一贯忽略它们）。

无论亚里士多德是否讲出了严格的史实，他归于柏拉图的数学哲学都是柏拉图著述里明确表达的观点在逻辑上的完成（logical completion）。当我们结合亚里士多德的解释阅读柏拉图发表的关于数学本质的陈述时，我们就会发现它们获得了更加清晰和深刻的意义。它带领我走向更进一步的观点。

本书的目的不仅在于明确柏拉图关于数学本质观点的具体内容，还在于弄清楚这些观点的意义，以及导致柏拉图信奉它们的原因。这个目的不仅是历史的，在一定程度上也是哲学的。我们这个任务的哲学部分似乎涉及了一个悖论：我们将尽力比柏拉图本人更加系统和清晰地陈述柏拉图所思考的事物。如果我们成功了，这一成功或许会让我们的阐述背上捏造史实的骂名。如果柏拉图本人的阐述不那么清晰，那么我们那更加清晰的阐述就会因此而具有误导性。任何哲学地研究哲学史的类似尝试都会面临这个悖论，但这个悖论仅仅似是而非。同样的内容可以以不同程度的清晰度表达出来。为了精确了解柏拉图的隐晦之言，我们不得不清楚地重新陈述同样的内容。清晰的陈述自身自然不会把完整的史实赋予柏拉图的哲学信仰。如果我们意识到柏拉图本人表达信仰的方式隐晦和混乱到了何种程度，我们就可以初见完整的史实。我们要求读者在阅读接下来的所有内容时都要记住这个事实。

　　本书讨论的所有问题都是柏拉图学者激烈争论的主题。提出全新的内容似乎不大可能。但据我所知，我们在此要考察的柏拉图的数学哲学的相关部分，是从当下的视角进行的研究，对此并不存在全盘的处理方式。

　　本书是从一个哲学家的视角，而不是从语言学家的视角来写的。有关对文本的哲学解释部分，我在很大程度上依赖于权威。

　　最后，本文作者必须向读者承认，作者心中的所有结论如果在后续文本中并不清晰，那么这些文本也都提供了索引，通常是引向相当温和的肯定。这项研究包含许多不确定之处，因此我们对其中的任何理论都不能抱以平静的信念（tranquil conviction）。这或许是众多柏拉图学者就像律师在公众面前一样争论的原因：他们为一个选定的论题立案，努力搜寻有利于它的证据，轻视相反的证据，并且赋予其有感染力、教条式的担保。本文作者意识到了这一事实：本书的题目涉及到无根据的谎言，一个更加公正的题目应为《也许是柏拉图的数学哲学》（*Perhaps Plato's philosophy of mathematics*）。

第二章　柏拉图的数学

每一类科学哲学自然都与同时代科学自身的立场有关，当然也和哲学家本人在科学方面的学识程度相联系。为了理解柏拉图的数学哲学，我们必须考察数学对于柏拉图而言意味着什么[①]。

当柏拉图论及数学时，他通常想到的是算术与几何，且主要是平面几何（plane geometry）。他有时将立体几何（solid geometry）强调为一门单独学科，并加入了天文学（astronomy）［天体运动学（celestial kinematics）］与音乐和谐（musical harmony）理论[②]。但是这些学科同前面提及的两门相比，发展得非常不完美，柏拉图从中借鉴到他的数学哲学当中的内容也很少。接下来我会把注意力适当地集中在

[①] 参见 I 1。

[②] 《理想国》522 d—531 c、《法义》819 a—822 c、《厄庇诺米斯》990 a—991 b 中特别给出了关于数学界的研究。也请参见《高尔吉亚》450 c—451 c、《斐德若》274 c-d、《斐勒布》55 c—57 e。《理想国》528 a-c 谈及了当时尚不存在的立体几何。

柏拉图有关算术与几何的观点上。

对柏拉图来说，几何是在他的时代发展起来、我们现在所熟知的欧氏几何（Euclidean geometry）的那些部分。据希思（T. Heath）所言，欧几里德收录于《几何原本》（Elements）中的多数理论在柏拉图的时代就已经存在：

> 因此，除了欧多克斯（Eudoxus）关于比例（proportion）的新理论及其推论之外，在欧几里德《几何原本》的整个范围中，可能只有很少的内容。欧多克斯的比例理论及其推论，在本质上并没有被包括进柏拉图时代所认可的几何与算术内容，尽管其主题的形式和安排，以及个别例子中运用的方法，同我们在欧几里德《几何原本》中发现的相异。[1]

虽然已经有人先于欧多克斯运用了这种彻底研究的方法[2]，但是显然，欧几里德本人对古希腊几何学的系统化直到柏拉图逝世之后才完成。而我在此要用一个便捷的时代错位术语来把柏拉图思想中的几何学命名为"欧氏几何"。

在我们今天命名为算术的领域内，柏拉图有时会将"算术"同"数理逻辑（logistic）"相区别。在晚些时候的古希腊

---

[1] 希思《古希腊数学史》卷 I 第 217 页（*A history of Greek Mathematics*, vol. I, Oxford 1921, p. 217）。

[2] 参见 J. L. Coolidge《伟大业余爱好者的数学》第 1 页（*The mathematics of great amateurs*, Oxford 1949, p. 1）。

数学术语中，这对词语频繁而粗略地对应于数论（number theory）（取其现代意义）和计算（calculation）的实用性艺术之间的区别，它们处理具体的数值计算问题，同时也将分数（fractions）考虑在内[1]。但是在柏拉图的学说中，这个区别一定还有另一个意义。在《理想国》和《斐勒布》中，"算术"和"数理逻辑"还被分为通俗类和哲学类，前者处理具体的数（比如"两件兵器"或"两头牛"），后者则处理抽象的数学数[2]。"算术"在《高尔吉亚》（Gorgias）中，据说是关乎"偶和奇（数）以及其中的每一个数有多大 [even and odd (numbers)，how great each of them are]"的知识，而"数理逻辑"据说是研究"奇数与偶数相对于其自身，以及相对于彼此有多大"的学问[3]。或许，根据柏拉图此处思想中的区别来看，"算术"仅仅是计数（counting）的艺术，而"数理逻辑"则是有关数与数之间的算术关系（arithmetical relations）的理论。在《伊翁》（Ion）中，苏格拉底声称自己是通过"算术"，即计数，得知自己的手指数量是五[4]。但是柏拉图似乎并不严格依从这样一种区分。在《普罗泰格拉》（Protagoras）中，苏格拉底主张需要一种测量（measurement）

---

① 参见 J. Klein："古希腊数理逻辑与算术的产生（Die griechische Logistik und die Entstehung der Algebra）"，《起源与研究……》，B：3（1936），尤见于第 29—36 页。

② 《理想国》524 d—526 b、《斐勒布》56 d—57 a。

③ 《高尔吉亚》451 a-c。参见《卡尔米德》（Charmides）166 a，这部对话集以同一种方式解释了"数理逻辑"。

④ 《伊翁》537 e。

的艺术，我们可以通过这种艺术衡量欢乐与痛苦，并且不会被它们为时间的流逝所扭曲的表象而误导：

> 那么现在，如果我们生命的拯救依赖于对偶数或奇数的选择，以及对于何时取大、何时取小的正确选择——独立看待每一个数，或将其与另一个数比较，以及与相近的数还是与相远的数比较——那么什么才会拯救我们的生命呢？难道不是知识：关于测量的知识（因为这门艺术关涉盈亏）和关于算术的知识（因为它关涉奇偶）？对此人们会承认的，不是吗？[①]

显然，苏格拉底在此把自己在《高尔吉亚》中归于数理逻辑的功能也归于算术，即比较数的功能。无论这个功能如何，尽管柏拉图对于"算术"和"数理逻辑"的区分从其他观点看来非常重要[②]，但我们在本书中不再进一步谈论它。接下来，我将要在某种程度上错时地使用"算术"这个术语，来覆盖柏拉图有时在其中做出以上提及的区分的整个领域。

在谈及数的时候，柏拉图通常或总是想着一系列正整数（positive integers）：1、2、3……以及奇数与偶数这两个交替

---

① 《普罗泰格拉》356 e—357 a。
② 参见 J. Klein：前引作品，和 O. Becker：《欧几里德《几何原本》第九卷中的直接和间接定理》（Die Lehre vom Geraden und Ungeraden im Neunten Buch der Euklidischen Elemente），《起源与研究……》，B：3（1936），第548—550页。

数列和它们的区分：1、3、5、……；2、4、6……，显然，在柏拉图眼里，这个区分比任何其他类型的区分都更加基础。相应地，他时常把算术说成是关于奇数与偶数的科学①。在《巴门尼德》（Parmenides）的一个片段中，他明确地陈述了正整数数列的无限性（infinity），甚至为此提供了一项证明——这个证明在一个较为模糊的轮廓中为真②。在同一篇对话集中，柏拉图给出了证据，显示他对证明普遍算术命题（universal arithmetical propositions）的可能性并非完全陌生，其证明方式是我们今天所知的数学归纳法（mathematical

---

① 参见已经引用过的《高尔吉亚》和《普罗泰格拉》中的段落，此外，也请参见《高尔吉亚》453 e、《卡尔米德》166 a、《斐多》104 a-b、《理想国》510 c、《泰阿泰德》185 d、198 a、《治邦者》262 e、《巴门尼德》143 d—144 a、《厄庇诺米斯》990 c。O. Toeplitz 提到了柏拉图强调奇数和偶数之间区别的一个有趣的可能原因：《〈厄庇诺米斯〉中的数学》（Die mathematische Epinomis-stelle)"，《起源与研究……》B：2（1933），第 335—336 页。也请参见 O. Becker：前引作品，第 545 页。

② 《巴门尼德》143 a—144 a。其证明开始于 1 和 2 存在的假设。通过把它们相加，我们得到 3。通过相乘，我们得到 2×2、3×3、2×3 以及 3×2。于是，存在偶数乘偶数（even-times-even）、奇数乘奇数（odd-times-odd）、偶数乘奇数（even-times-odd）以及奇数乘偶数（odd-times-even）。因此，这个论证做出结论，无限多的数当中的每一个数都存在。如果柏拉图在此承认无限制的乘法，但只在 1 和 2 的案例中承认加法，这种方法就只提供给我们 2^a、3^a 以及 $2^a \times 3^b$ 这种形式的数。如果对 1 的相加总是被允许，那么我们就不必求助于乘法来得到所有的数。（偶数乘奇数和奇数乘偶数之间的区别无关乎生成数列的目的。）生成数列的一种方法在任意给定偶数的案例中允许对 1 的相加，而在任意给定奇数的案例中则不允许。《斐多》105 c 暗示了这种方法。参见 I 3。

induction）或递归证明（proof by recursion）[1]。

　　整数 1 的地位在古希腊数学中似乎有些模糊。古希腊数学通常假设 2 为第一个数。这是因为数被认为是"多元"，或对于这样一个多元的"测量"，而一个给定种类的 1 个单元尚未形成多元[2]。与这个观点相吻合，柏拉图在《理想国》卷 VII 中谈及"数与一（number and the one）"，仿佛 1 不是

---

[1] 《巴门尼德》149 a-c。柏拉图考察了以如下形式构造的有限线性相邻数列（finite linear sequences of terms touch eaching other）：

1	2	3	……	n	n+1

在这样一个数列中，任意两个相邻数构成一个触点（contact）。柏拉图考察了任意此类数列当中数的数量和触点数量之间的关系。如果这个数列当中只有一个数，那么就没有触点，这就相应地去除了这一案例。涉及到触点的数的最小数量是 2，在这种情况下，触点的数量就是 1："如果第三个数紧接着被加给二，那么就会有三个数和两个触点。……于是，无论何时一被加上，一个触点就也被加上，并且触点的数量总是比数的数量少一；因为每一个接下来的数的数量都超出所有触点的数量，这和头两个数的数量超出它们之间触点的数量同样多。在第一个数之后，每一个新增的数都在触点数量上加上一。"

让我们指定 C（n）中对应于 n 个数的触点的数量。柏拉图让我们注意到这些事实：

(i) 2＝C（2）＋1

(ii) C（n+1）＝C（n）＋1，

柏拉图由此推断出任意 n≥2；

(iii) n＝C（n）＋1。

因为，(ii) 牵涉到：

(ii') 如果 n＝C（n）＋1，那么 n+1＝C（n+1）＋1，

事实上，这是一个规则的递推证明。——《前分析篇》（Prior Analytics）42 b 1-10 中有一个类似的推理——《几何原本》卷 IX 中命题 8 的欧几里德证明本质上采用的是递归法。

[2] 参见欧几里德《几何原本》卷 VII，定义 2，根据这个定义，"数是由单元构成的多元体"。扬布里柯（Iamblichus）称，克利西波斯（Chrysippus）把数 1 看成是"多元一（plurality one）"，但扬布里柯批判了这个观点，认为它是不正确的。参见希思《古希腊数学史》卷 I 第 69 页。

一个同 2、3……相并列的数①；在《斐多》中，他显然将奇数列定义为 3、5……②。但似乎包括柏拉图在内的古希腊人对这一点的看法都并不精确自洽（infallibly consistent）。在亚里士多德《物理学》（*Physics*）的同一章里，我们发现，亚里士多德同时说了这两句话："按照'数'这个词的严格定义来看，最小的数是二"，以及"就数而言，最小的数是一（或二）"③。在《法义》（*Laws*）卷 VII 中，柏拉图在讨论如果"不知道什么是一，或二，或三——简言之——偶数和奇数，完全没有能力计数"的人的命运时，也忘记了 1 不是数的学说④。总的来看，1 非数的观点，似乎作为一个对古希腊算术自身没有影响的哲学观点而被保留了下来。在算术计算（arithmetical calculations）和推演（deductions）中，人们通常承认 1 同数字 2、3……并列⑤。

柏拉图当然不知道数字 0 和负整数（negative integers）的存在：直到更晚的年代，欧洲数学才首次介绍了它们⑥。

---

① 《理想国》524 d。

② 《斐多》104 a-b。

③ 《物理学》220 a 27-32。也请参见《形而上学》1080 a 30-35，其中将数记为"1、2、3……"。而亚里士多德占主导地位的观点却是 1 不是一个数，因此 2 是最小数。参见范·德·维伦：前引作品，第三章。

④ 《法义》818 c。也请参见《希琵阿斯前篇》302 a。

⑤ 但不总是如此。范·德·维伦：前引作品，第 14 页指出欧几里德分别为 1（《几何原本》卷 VII，命题 15）和数（卷 VII，命题 9）的算术命题作了证明。

⑥ 亚里士多德在《物理学》215 b 12-13 中否认"零"（nothing）可以和一个数之间形成任何比例，即"零"的倍数可以大于任何数。（参见希思《亚里士多德论数学》第 117 页）。但这个陈述不涉及对"零"（zero）作为一个数的认可。

丢番图（Diophantus）是第一个承认分数作为与正整数相似的算术实体（arithmetical entities）存在的人：更早期的古希腊数学，仅仅在整数之间关系的意义上认可分数①。虽然柏拉图时期的古希腊数学家就已经知道了不可通约的（incommensurable）几何量级（geometrical magnitudes）的存在，但他们却从未创立与之对应的无理数（irrational numbers）理论。不可通约性被限制在了几何学界②。在这个问题上，柏拉图似乎追随了当时数学思想的普遍潮流。在《法义》中，柏拉图强调了理解可通约与不可通约的线、面和体之间区别的重要性③。在《泰阿泰德》中，以泰阿泰德这位数学家命名的对话集，用相当长的篇幅，解释了不可与单元长度（unit length）通约的平方根的普遍概念。泰阿泰德的话暗示了明显属于几何概念的不可通约概念。例如数字 2 的平方根被认为是这样一条线段，即以这条线段为边的正方形的面积是单元正方形（unit square）的两倍④。在《厄庇诺米斯》（*Epinomis*）（这部对话集存在的真实性遭到了质疑）中有一个有趣的篇章，其称几何学是关于数的研究，"数在其自身中不相同（in themselves dissimilar），但是参照面的时候就被同化了（assimilated by

---

① 参见《理想国》525 d-e，以及 J. 克莱恩：前引作品，第 45—52 页。
② 不可通约之物是一个专门的几何学概念，这个陈述见于《后分析篇》76 b 9。
③ 《法义》820 a-d。不可通约量级在《希琵阿斯前篇》303 b、《理想国》534 d 和《巴门尼德》140 b-c 中也得到了提及。
④ 《泰阿泰德》147 d—148 b。

reference to surfaces)"①。泰勒（A. E. Taylor）在大体上，似乎过分倾向于将柏拉图的陈述解释为对数学界晚些时候发展的预测，他相信出自《厄庇诺米斯》的这一篇章把独立于几何陈述（geometrical representations）的存在分配给了不可通约之物。但更有可能，柏拉图在此是按如下意义来思考的"相似性（similarity）"。两个数，比方说 a 和 b，在 a 为 a'·a'' 的乘积、b 为 b'· b'' 的乘积以及 a'/a'' ＝ b'/b'' 的情况下，a 和 b 就是"相似的"。在这个意义上，例如数 1 和 2 就是"在其自身中不同"的。但是它们可以在这样一个意义上"在参照面的时候被同化"，即存在两个相似的面，比如关系如同 1 和 2 之间关系的两个正方形②。

虽然柏拉图常在算术与几何之间做出非常明确的区分，我们在后文也会对这一区分做详尽分析，但他的算术数（arithmetical number）概念则保持着几何元素。这一点似乎很明显，而他自己并没有清楚地认识到。毕达哥拉斯学派成员（Pythagoreans）的观点对柏拉图的整个思想产生了很大影响，对他们来说，数 1、2、3……或许与空间中的点的排列（arrangements of points in space）相同。柏拉图反对这一观点，并且他的反对将他引向了算术与几何的彻底割裂。但

① 《厄庇诺米斯》990 d-e。
② 关于泰勒的解释，参见他的《理型与数：柏拉图形而上学中的研究》（Forms and numbers：a study in Platonic metaphysics），《心灵》（Mind），N. S.，卷 35—36（1926—1927）。O. 托普利兹详尽说明了此处采用的解释：《〈厄庇诺米斯〉中的数学》（Die mathematische Epinomis-stelle）。

尽管如此，毕达哥拉斯学派观点的某些内容似乎依然保留在柏拉图的思想中。不可区分和不可分的"单元"的理念物（the ideal），在柏拉图的观念中形成了算术的基本主题，它们看上去就像毕达哥拉斯学派的点（points）的幽灵①。

① 参见第 76 页。（此处疑为原书页码）

第三章　理念论

柏拉图对他所了解的数学的哲学解释同他的普遍理念论密切相关。为了清楚地掌握柏拉图的数学哲学观点，我们必须首先考察这一理论的主要论点。

构成这个理论起始点的问题——自从柏拉图首次将它明确提出开始——一直是唯名论者（nominalists）和逻辑实在论者（logical realists）之间的基本争论。柏拉图是第一个看到这个问题的人，他的理念论也是解决这个问题的第一个尝试。虽然这个问题至今已有 2000 多年的历史，但它从未丧失其原始趣味，并且它也几乎没有向"确切的"解答靠近半步。今天，我们或许可以比柏拉图更好地区分这个问题的简单逻辑核心与日后联想出来的形而上学问题，我们也可以适当地把柏拉图的理念论中直接回答逻辑问题的那一部分同他使自己的想象自由发挥其间的那些部分区别开来。我们在此会简要研究柏拉图对逻辑问题的解答，并略去大部分思考的上层建筑（speculative superstructure）。

这个问题可以通过"语义的（semantical）"或"本体论的"方式提出。事实上，这两种构想都在柏拉图的思想中有所体现。

（a）让我们来考察一个重要的主谓句（subject-predicate sentence）："苏格拉底是人（Socrates is human）"。关于主语"苏格拉底"，我们知道它意味着某个事物，或曰雅典哲学家苏格拉底的名字。现在我们要提出的问题看上去就是合理的：谓语，即形容词"人的（human）"，也同样意味着某个事物吗？这个词是否是某个实体的名称？这同一个问题，可以与任何有意义的此类主谓句相联系。如果"X 是（一个）Y"是一个以 X 为主语、以 Y 为谓语的有意义的句子，那么 Y 是否意味着某一类实体？——在这个词的现代意义上，这是一个"语义的"问题，因为它涉及到语言学表达（linguistic expressions）和它们所意味的事物（实体）之间的关系。

（b）苏格拉底、高尔吉亚、毕达哥拉斯等都是人，这是事实。这个事实是否意味着存在一个实体——让我们将其称为"人类（Humanity）"——而他们都以同样的方式与这个实体相关联？总的来说，如果 A、B、C 等都是 Y，那么是否存在某个实体，让我们称之为 Y 性（Y-ness），而它们都以同样的方式和这个实体相关联？——既然语言学表达和它们所指涉的事物（实体）在此没有得到提及，我们就可以把这个问题的构建称作是"本体论的"，与之前"语义的"构建相对照和区别。但是我们很容易发现，这两个问题实际上是等价的。对前一个问题的肯定性回答隐含了对第二个问题的肯定性回答，反之亦然。

这两个等价问题的构建在此同可能最简单类型的句子即主谓句相联系。但我们显然也可以针对更加复杂类别的句子提出同样的问题，如这样的关联句："苏格拉底和柏拉图相似（Socrates is similar to Plato）"。我们可以提问："相似"这个词或"和……相似（is similar to）"这整个短语是否意味着某种实体？在苏格拉底和柏拉图相似这个事实中，除苏格拉底和柏拉图这两位哲学家之外，是否会加入我们称为"相似性（Similarity）"的第三个组成物（constituent）？

这个问题的语义构建和本体论构建，都可以追溯到《柏拉图对话集》，他不仅针对主谓句提出了这个问题，也对关联句提出了同样的问题。这个问题的这两种构建经常错综复杂地结合在一起。《理想国》卷 X 中将这个问题陈述如下：

> 我们有这样一个习惯，即为我们以一个普遍名称命名的多元物体假设一个独一无二的理念。①

《柏拉图对话集》中的大部分都讨论了这个问题的特殊情况。在《巴门尼德》中，语义的问题作为与"其他（other）"这个词相关联的问题被提出：

---

① 《理想国》596 a。

在你说出同一个名称的时候，无论是一次还是反复多次，你说的一定总是同一个事物吗？

当然是同一个事物。

"区别（distinct）"这个词是一个事物的名称，不是吗？

当然。

那么当你说出这个词的时候，不管你是说一次还是多次，除了本身就叫这个名字的事物，你都没有把它运用于任何其他事物，也没有给任何其他事物命名。

的确如此。

现在，当我们说其他（the others）与这一个（the one）相区别，这一个也和其他相区别的时候，虽然我们两次使用了'区别'这个词，但我们在整个过程中，并没有把它运用于其他任何事物（anything else），而总是用它形容本质上与它相同的事物。[1]

在《希琵阿斯前篇》（*Hippias Major*）中，这个问题的本体论形式，同某些伦理条件（ethical qualifications）相关的部分引发了争论。正义的事物根据正义的标准而言是正义的（the just are just by justice），这个命题是接下来这段对话的开端：

---

[1] 《巴门尼德》147 d-e。

那么这——我是说正义——是一个确定的事物了？

当然。

那么同样，根据智慧的标准，智慧的事物是智慧的，根据善的标准，所有善的事物都是善的吗？

当然。

这些都是现实存在的事物，因为如果不是如此，它们就不会是它们所是的样子。

确切地说，它们都是现实存在的事物。

那么，根据美（the Beautiful）的标准，不是所有美的事物都是美的吗？

根据美的标准，它们都是美的。

是现实存在的事物吗？

是的，否则还有别的替代物吗？①

众所周知，柏拉图——哲学史上首位逻辑实在论者——用肯定句回答了这个问题。除了感觉经验（sense experience）给出的特殊物之外，还有另一类以这些词汇意指的实体，它们在主谓句中或许会作为谓语出现。这些实体是美（为"X是美的"或"X拥有美"这句话中的谓语所指称）、正义（Justice）（为"X是正义的"这句话中的谓语所指称）、白（Whiteness）（为"X是白色的"这句话中的谓语所指称），如此等等。还有一个被称作相似性的事物（为"X与Y相似"这个句子中的"相似"一词所指）。对于这类实体，柏

---

① 《希琵阿斯前篇》287c-d。

拉图使用了"理念""理型（Form）"或"本质（Essence）"这样的词汇①。

让字母"Y"代表形容词性词语或抽象实词（substantival）进行表达，诸如"正义的（just）"或"正义（justice）"，"美的（beautiful）"或"美（beauty）"，等等。那么，对于"Y"的合适替换，理念论做出了如下假设：

（1 a）符号 Y 是某种事物的名称，这个事物是一个理念

---

① 频繁出现的柏拉图发明的术语通常由这些术语本身以及相似的英语词汇"理念（Idea）""eidos""ousia""genos""fysis"予以表达。人们有时争论说，"理念"这个词仅仅在柏拉图特别强调这些术语内涵的形而上学或先验（transcendental）方面的语境中，才是对这些柏拉图术语的合适翻译。但是对柏拉图本人而言，理念论术语更加逻辑的内涵和更加形而上学的内涵之间，不存在显著区别，甚至根本不存在任何区别。参见以《斐德若》249 b-c 为例的文本，其中将对可感特殊物的分类以及对它们的 eidos 的掌握，称为对我们的灵魂和上帝在一起时，所看见的这些事物的回忆。因此，我认为，我们以同一种方式翻译理念论的术语是合理的，无论其语境的要旨是更加逻辑还是更加形而上学。我们在此仅仅将"理念"一词作为一丛希腊语词汇的一个便利的英语替代词使用，任何给定的语境都允许这个词承载与那些词汇同样大或同样小的形而上学意义。["理念（Idea）"一词的首字母大写，仅仅是为了引起人们对这个术语的用法的注意，也是为了避免将它的意义与现在心理学上的用法相混淆。]——在意指理念的 eidos 和 genos 的事件（occurrences），同意指类别或种类的 eidos 和 genos 的事件之间画一条界线，这种做法特别普遍。我们的确在一些事件中发现把这些术语翻译成我们的"类别"或"种类"这些词汇很自然，而在另一些事件中我们又觉得这不自然。但整体而言，柏拉图本人没有对这些类型的事件作区分。[我们没有先验理由（apriori reason）去相信柏拉图本人的概念区分（conceptual distinctions）平行于现代英语固有的区分。]当然，柏拉图也在一个同理念论没有任何共同之处的意义上，例如具体可感形状的意义上，使用 eidos 这样的术语。但这个术语的这些用法——就我所知——在任何地方，都没有被柏拉图同它那属于理念论和逻辑实在论的用法相混淆。——诸如"美的理念"这样的短语，也同样解释了柏拉图所使用的诸多不同表达。这些表达不全包含"理念"一词作为其英语替代词的希腊语词汇。对柏拉图用于意指理念的一些普遍类型命名的字面翻译，是"美（Beauty）""美自身（Beauty itself）""美物（the Beautiful）"或"美物自身（the Beautiful itself）"。

（或理型，或本质）。

我们刚才引述的出自《巴门尼德》的这一段落显示，对于"Y"的合适替换，这个理论进一步假设：

（1 b）在每一个符号 Y 出现的语境中，Y 是同一个事物的名称，是同一个理念的名称。

任意符合要求的语言的语义学理论（semantical theory of language），无论它的基础是唯名论哲学还是逻辑实在论哲学，它显然都必须考虑到这样一个事实，即词汇经常是含义不清的。虽然我认为柏拉图或许做好了认同这一事实、使之成为必要的论点（1 b）中的条件的准备，但他本人从未陈述过这些条件。

与"理念"一词〔及其同义词（synonyms）〕和特殊理念（particular Ideas）的名称相联系，柏拉图介绍了一个更加半学术化（semi-technical）的词汇。他经常说是"通过分有（by participation in）"正义理念或"因为"正义理念"的存在（by the presence of）"，一个事物才是正义的，"通过分有"美的理念或"因为"美的理念"的存在"，一个事物才是美的，等等①。我们使用这一术语，或许也可以通过接下来的本体论形式来陈述理念论的基本原理。让字母"Y"代

---

①　当然，在柏拉图的著述中，不存在任何类似于固定专门词汇（fixed technical terminology）的事物。柏拉图无疑以一种有意识的形而上学的方式使用了由"分有（participation）"或"在场（presence）"或某些类似的英语词汇所翻译的古希腊术语当中的一些词汇。参见《斐多》100 d。柏拉图经常简单地说，例如，善的事物"因为善（的理念）"，或"因为一个普遍理念"而善。这个文本指涉的更加复杂的术语集中在《斐多》以及晚些时候的对话集中。

表形容词性表达，例如"正义的""美的"等等，让"Y性"代表对应的抽象名词。那么，对于"Y"的合适替换，理念论假设：

（2 a）通过分有 Y 性理念，一个事物是 Y。

略去对理念的详述，我们也可以断言，对于"Y"的合适替换，这个理论假设：

（2 b）存在一个事物，即理念，使得一个事物通过分有它而成为 Y。

我们已经从《理想国》中引用了一段对话，柏拉图在其中谈及"这样一个习惯，即，为我们以一个普遍名称命名的多元物体，假设一个独一无二的理念"。他通过说明存在床的一个精确理念和桌子的一个精确理念，举例证明了这个普遍格言①。我相信我们可以有理有据地将这个段落改述如下——对于"Y"的合适替换（这段对话允许使用任何普遍名称），理念论假设：

（3 a）存在一个精确理念，使得一个事物通过分有它而成为 Y。

这个陈述为（2 b），所述增加了如下内容：

（3 b）从不存在两个不同理念，使得一个事物通过分有其中一部分，同时也通过分有其中另一部分而成为 Y。

说一个事物"通过分有"Y 性理念而成为 Y，是什么意思呢？通过（2 a）我们无疑可以推断：

---

① 5a参见5。

（2c）一个事物当且仅当它分有 Y 性理念时才是 Y。

如果（2a）的完整意思为（2c）所表达，我们也可以通过下列陈述重现（2b）和（3b）的完整意思：

（2）存在一个理念，使得一个事物当且仅当它分有其中一部分时成为 Y。

（3）不存在两个不同理念，使得一个事物当且仅当它分有其中一部分且同时当且仅当它分有其中另一部分时成为 Y。

如果我们有权以（2c）的形式改编（2a），那么我认为，我们无论如何都应该加上这一内容，即是（being）Y 和分有 Y 性理念之间的共同含义，不是事实的巧合，而是必然。如果（3）中陈述的共同含义，是由仅仅属于事实的以及作为特例的必然所构成，那么（3）的大意就是，不存在两个拥有完全相同的分有者的不同理念。于是，（3）就意味着理念的"外延性原则（principle of extensionality）"：一个理念唯独由它的分有者决定，由它的"外延（extension）"决定。但是，如果（3）的共同含义是必然的，那么（3）就不会排除以下可能性：存在两个不同理念，它们出于事实的巧合拥有完全相同的分有者。我们从中抽取出（3）的出自《理想国》中的这段对话，在这一点上相当模糊。我们或许可以这样解释它，即它隐含了外延性原则。但是我认为，如果我们为保险起见，把它当作以下所述的简述：即对应于每一个我们赋予其普遍名称的多元物体，存在一个独一无二的理念，它证明这个名称的使用有理，或者说，对于每一个名称"Y"，存在一个独一无二的理念，使得"是 Y"和分有这个理念必然是等同的。在柏拉图假设抽象实体存在的这些例子中，他似乎还把这些句子，即"X 是 Y"以及"X 分有 Y 性"，当作同一个命题的同义表达（synonymous expressions）使用。

亚里士多德在《形而上学》中的多处，对理念论及其起源给出了看似卓越的解释：

> 但是当苏格拉底用优秀的品格充实自身，以及在同这些品格的联系之中，成为第一个提出普遍定义（universal definition）的问题的人时；我们可以把这两个贡献，公正地归功于苏格拉底——归纳式论证（inductive arguments）和普遍定义，二者都和科学的开端有关：——但是，苏格拉底并没有让普遍性（universals）或定义分开存在；然而他们［柏拉图主义者（Platonists）］却赋予了这两个概念彼此分离的存在，那就是他们称之为理念的这类事物。于是，几乎是通过同一个论证，他们的观点得到了遵循，即一定存在被普遍（universally）谈及的万物的理念（Ideas of all things），……因为每一个事物，都有一个同名实体与之相适应，这个实体也独立于其质料（substances）而存在，所以同样，在其他群体的事例中，也有一个在多之上的一（a one over many），无论它们属于这个世界还是属于永恒。①

————————

① 《形而上学》1078 b 17—1079 a 4。参见 987 a 29—b 14、1086 a 30—b 13。

抽象词汇命名某一类抽象实体，并且成为某物就是以某种方式与某个抽象实体相关联——这似乎是构成整个理念论的基础直觉（basic intuition）。如亚里士多德所坚持的那样，这个理论似乎是通过苏格拉底对抽象词汇下定义的工作而发展起来的。如果按照出版顺序阅读柏拉图的早期对话集，那么我们就会注意到，抽象实体存在的假设是如何逐渐占据一个日益突出的位置，这些抽象实体以尚待定义的名词命名，最终获得了独立于定义的它自身的内涵。

在极端唯名论和极端实在论之间，有一完整的可能地位的光谱，它与抽象实体的存在问题相关联。唯名论一端否认一切抽象实体的存在，实在论一端则或多或少地宽泛承认命名实体（或抽象或具体）的所有重要表达。柏拉图从未清楚表明他在这个光谱上的位置。在《巴门尼德》中，关于理念论的批判性讨论借巴门尼德之口提出的主要异议之一就是这个理论的模糊性[①]。最经常为柏拉图著作所指涉的理念似乎主要进入了五个（并非严格分割的）分类：

（i）伦理学和美学的（esthetical）理念，例如善的理念、正义的理念、美的理念；

（ii）某些非常普遍的概念的理念，例如同与异的理念（the Ideas of Sameness and Difference）、存在与不存在（Being and Not-being）的理念、像与不像（Likeness and Unlikeness）的理念、一与多（One and Many）的理念；

---

① 《巴门尼德》130 b-e。

（iii）数学理念，例如圆的理念，半径（Diameter）的理念，二（Two）、三（Three）的理念，等等；

（iv）自然种类（natural kinds）的理念，例如人（Man）的理念、牛（Ox）的理念、石头（Stone）的理念；

（v）人造物（artefacts）种类的理念，例如桌子（Table）的理念和躺椅（Couch）的理念。①

在《巴门尼德》中，苏格拉底显然只断言了第（i）类和第（ii）类理念的存在。关于（iv），他坦白自己尚不能确定。但与此同时，他倾诉说他经常被打扰，并且开始认为，每一个普遍概念都是一个理念②。我们已经从《理想国》卷 X 中引用了一段对话，苏格拉底在其中显然持有极端的那一类逻辑实在论。

作为存在物（being）的一个理念的概念，统领了柏拉图的理念论——借用亚里士多德富有表现力的短语——"在多

---

① （i）美的理念也许是柏拉图指涉最广泛的理念。它和各种伦理学理念一起出现在《尤绪德谟》《希琵阿斯前篇》《克拉底鲁》《普罗泰格拉》《美诺》《斐德若》《斐多》《理想国》《巴门尼德》《斐勒布》《泰阿泰德》以及《第七封信》中。（ii）此类普遍理念在《巴门尼德》《泰阿泰德》《智者》和《蒂迈欧》中扮演了重要角色。（iii）数学理念特别出现在《斐多》《理想国》《巴门尼德》《泰阿泰德》《治邦者》《斐勒布》以及《第七封信》中。（iv）自然种类的理念出现在《巴门尼德》《泰阿泰德》《治邦者》《蒂迈欧》《斐勒布》以及《第七封信》中。（v）人造物种类的理念出现在《克拉底鲁》《斐多》《理想国》《第七封信》以及《法义》中。

除文中列举出来的这五类理念之外，还出现了几种其他类型。《斐多》103 c—106 a 将热与冷、生与死视为理念，《第七封信》342 d 称诸如颜色之类的可感属性构成了理念。《斐勒布》17 a—18 d 将音符和字母所代表的语音类型作为理念的实例给出。《泰阿泰德》202 e—205 e 将理念（idea）这个词应用于音节（syllable），但我们或许可以争论，这是这个词的一种完全不同的用法。参见 III 15。

② 《巴门尼德》130 c-d。《第七封信》342 d 也坚持了一种实在论的立场。

之上的一"①。这一概念无疑覆盖了数个不同的假设。当下对我们有利的做法，就是考察它所暗示的信仰，即每一个理念都对应"多个"分有它其中的物体。因此，据柏拉图所言，不存在没有物体分有理念，或其外延含有空类别（empty classes）的理念。对空概念（empty concepts）和空类别有意识的认知，是柏拉图时期古希腊哲学家显然尚未抵达的逻辑复杂（logical sophistication）的结果，这是柏拉图逻辑实在论的一个局限②。

另一个此类局限见于《治邦者》（Statesman）中，关于种类（genos）或理念（eidos）和部分（meros）这几个概念之间的关系的讨论。苏格拉底解释道，属于一个给定整体事物的一个种类的事物，必然是这个整体的一部分，但是整体的一部分不一定必须是一个种类。如果一个人采用分散所有数的集合的方式，将一万从剩余的数中分出来——苏格拉底断言，这个人会得到数整体的部分的一个例子，而这些数中没有任何一个数是一个种类。③ 像亚里士多德一样，柏拉图似乎假设了存在某种特许的（privileged）分裂方式，将实在分裂成属（genera），且他只认识到这个自然属是真正的属，即理念。

① 《形而上学》1079 a 2-4。参见《理想国》596 a 中的一种类似的表达模式。
② 参见《形而上学》1040 a 25-27，亚里士多德在其中论证说，不可能存在任何可以只表述一个单独事物的理念，因为一个理念是多个事物分享的某种事物。同样参见《后分析篇》92 b 4-8，亚里士多德在其中说到，(i) 要知道例如人类的本质是什么，即是暗示我们知道人类存在，以及，(ii) 我们有可能理解"羊牛（goat-stag）"这个短语的意义，但不可能知道羊牛的本质。
③ 《治邦者》262 b—263 b。同样参见同书 287 c 和《斐德若》265 e。

我们已经分析了柏拉图的观点的一部分意义，即每一个理念都是"在多之上的一"。它的另一部分意义，是每一个理念都在被分有其中的每个物体"之上"（above），或者这个理念从不是这些物体之中的一个。命题如下：

（4）一个理念从不是其被分有的物体之中的一个。

这个命题是柏拉图的理念论中最典型的假设。举例来说，《理想国》卷 V 中的如下段落清楚地表述了这一命题：

> 好的，那么，（苏格拉底问道）就相反的情况来说吧：一个人在自己的思想中，认识到了美自身（a beauty in itself），并且能够区分本身是美（self-beautiful）的事物和分有美的事物，既不假设分有者是美自身，也不假设美自身是分有者——在你的观念中，他的生命是处于醒态还是梦态？
>
> 他非常清醒，他［格劳孔（Glaucon）］回答道。"①

在讨论理念和特殊物的关系时，柏拉图频繁运用了这样一种假设，我们或许可以合适地称之为柏拉图的相似原则（the Platonic Principle of Similarity）：

---

① 《理想国》476 c-d。同样参见以《尤绪德谟》300 e—301 a（《论美》）、《巴门尼德》130 c（《论人的理念》）为例的篇目。命题（4）是关涉《巴门尼德》开头所述理念的悖论的必要前提（essential premise）。参见第 36—39 页。（4）在《理想国》597 c 和《蒂迈欧》31 a-b 中进一步扮演了角色。参见 III 18。

（5）无论何时两个事物分有同一理念，它们都由于这个理念的关系而彼此相似；无论何时两个事物彼此相似，都存在一个它们共同分有的理念，并且这个共同的分有代表着它们的相似。

《巴门尼德》明确地陈述了这一原则。①

理念和前文所述的分有关系（relation of participation）的假设是由什么构成的？我们不可能给这个问题一个单独的明确答案。有分歧的理念概念和分有关系的概念在柏拉图的思想中似乎是互补的。在现代逻辑中，我们习惯于区分属性（attributes）（品质、特性、关系）和类别（classes）。显然，柏拉图的理念概念与这些现代的概念密切相关。作为史实，柏拉图的理念概念是这些现代概念的祖先，而这些现代概念是经过改良的后裔。在现代意义上，属性和类别之间的根本区别是后者（而非前者），服从外延性原则：不同一的（non-identical）属性可能存在于完全同一的事物中，而拥有精确同一元素的两个类别必然是相同的。通常，我们也在属性和类别之间假设了一个更进一步的区别：类别是一个集合，一个聚在一起之物（bringing together）［Zusammenfassung，康托尔（Cantor）如是说］，包含多个物体，而属性则是一个原则，根据这个原则可以创建一个集合，或可以选择将要聚在一起之物。我们认识到命题（3）是理念论的关键部分，虽然它接近于成为理念的外延性原则，我们并没有接受它实际

———————————

① 《巴门尼德》132 d-e。

上就是这个解释。柏拉图惯常的说话方式启示我们，他把理念看成这样一种原则，特殊物通过它被聚集在一起，而不是自身形成集合①。在这个方面，他的理念更加类似于属性，而非类别。我们将会在后文看到，他有时在某种意义上把理念看成是"单子"，或并非由部分复合而成的实体②。这种思

---

① 参见《斐德若》249 b-c、265 d-e。——《泰阿泰德》202 e-205 e 中，有一个关于给定元素的组合如何与进入这个组合的元素相关的问题的讨论。（204 a）在最广义的可能意义上理解了这个问题，也把一个音节和它的字母之间的关系仅仅视为元素组合的抽象概念的一个具体例子。音节是（i）构成了所有字母，还是（ii）一个不同于所有字母的单独理念（eidos, idea）？特别是，"苏格拉底（Socrates）"的第一个音节是（i）所有字母，即 S 和 O，还是（ii）一个单独理念？如果是（i），那么如果 S 和 O 的确都具有某种特征，那么看来这个音节必须同样具有这种特征，这个结论与某些之前假设的命题相矛盾。〔我们假设了只有元素的组合可知（knowable），而最终元素则不可知（unknowable）。〕如果是（ii），那么这个音节必须没有组成部分，因为任何有组成部分的事物，都与所有部分相同；尤其是，字母不可能是音节的组成部分。我们现在尝试了通过"整体"（to holon）和"一切"（复数形式：ta panta）之间的区别而避免了这一结论。有人提议，整体是具有组成部分而不同于所有组成部分的某种事物。于是，整体同单数形式的"一切"（to pan）相等同，而我们提议的区别在"一切"的复数形式和单数形式的意义之间没有区别的前提上遭到了拒绝，同样在另一个前提上，即没有任何事物从整体和一切缺失的前提上也遭到了拒绝。这个讨论的结果是，如果（i）某些元素的组合是所有元素，那么这个组合就会具有所有元素具有的特征，而如果（ii）这个组合是一个单独的理念，那么这个组合就绝对不包含组成部分，尤其是，它的元素不是它的组成部分。

如果我们可以合理地把这个讨论解释为同样适用于特殊物的综合体，通过这个综合体达到对我们可以合适地称之为柏拉图理念的理解，那么这个讨论的结果，就暗示了一个理念要么是（i）属于这个理念界的所有特殊物，要么就是（ii）一个没有任何组成部分的单独实在。如果可以询问柏拉图偏爱于哪一种选择，那么他的回答会是什么？在描述选项（ii）的特征时，对 eidos 和 idea 这两个词的使用，似乎暗示了至少在他撰写《泰阿泰德》中的这段对话时，他选择了选项（ii）。于是，这段对话就是——在许多其他对话当中——在暗示理念的一个内涵概念（intensional conception）：理念是不同于分有它的"所有事物"集合的某种事物。

② 参见《斐勒布》15 a-b、《斐多》78 b-e。

考模式，看上去与我们对属性的直觉而非与我们对类别的直
觉更加吻合。但另一方面，他也把理念种（Idea-species）说
成是理念属（Idea-genus）的一个"部分"①。这种说法看上

———————

① 参见《治邦者》263 b，第 33－44 页中讨论了这个内容。——《范畴篇》
（*Categories*）中有迹象表明亚里士多德（无论多么不明确）在试探着做出一
个关于内涵对外延（intension versus extension）问题的更加详尽的学说。为
了理解亚里士多德所述内容，我们必须简单回顾他的一些定义。通过"第一
实在（primary substance）"，亚里士多德仅仅意指一个具体单个事物，例如
一个人、一棵树或一匹马。基本实在属于自然类（kinds）、属（genera）、种
（species）系统的类别。在我们今天所习惯的抽象逻辑意义上，没有任何类别
代表这样一个属或种，并且只有那些是属和种的类才是，按亚里士多德的术
语来说，"第二实在（secondary substances）"。作为指示第二实在的一个例
词，亚里士多德提到了"人"；他的常备例词当中的一个属词（general term）
是"白（white）"，这个词不指示任何第二实在。在《范畴篇》3 b 10-23 中，
亚里士多德竭力解释了这两类术语在语义功能上的区别。在阅读这个文本
时，读者应该注意到，亚里士多德把"实在"作为针对"实在术语
［substance-term（s）］"的省略形式（elliptical mode）使用。
　　"所有实体似乎都意指单个事物（tode ti）。在第一实在的案例中，第一实
在毫无争议地意指单个事物，因为它们的所指（designatum）是特殊的，并且
在数量上只有一个。在第二实在的案例中——我们说话的形式造成这样一种印
象，即第二实在同样意指单个事物。但情况并非如此：相反，它们意指某种品
质（poion ti），因为这个对象不是如第一实在所是的一；"人"和"动物"这些
词描述的是多个对象。但是它们不只意指一种品质，比如"白"；"白"意指品
质，此外别无其他。但种和属决定关于实在的品质；它们意指以某种形式符合
条件的实在。决定性的品质在属的案例中，比在种的案例中覆盖了更大界：说
'动物'的人比说'人'的人指示了一个更大的类别。"
　　看来亚里士多德在此假设了诸如"人""动物"之类的词汇和诸如"白"
之类的词汇之间的双重语义区别。(i)"白"仅仅指示某种品质，而"人"意
指具有某种品质的实在，或一类实在。我认为，我们可以把亚里士多德思想
的这一方面更加清楚地表述如下："X 是白的"（或"白存在于 X 中"）这个
陈述只说明了 X 具有某种品质；"X 是（一个）人"这个陈述同样说明了 X
具有某种品质，但除此之外，X 是一个第一实在。(ii) 亚里士多德似乎坚持
认为，诸如"人"和"动物"之类的词汇，同某些第一实在的多元体或类别
之间有一种内在关联，而这个内在关联不见于诸如"白"之类词汇的案例，
后者仅仅指明一种品质。或许我们可以合理地说，亚里士多德在此模糊地设
想了一种内涵意义和外延意义之间的区别，他假设诸如"白"之类的表达只
具有前一种含义，而诸如"人"和"动物"之类的表达则同时具有两种含义。

去更加适合于类别而非属性。我们或许可以说，柏拉图的理念是某种介于我们所谓的属性和我们所谓的类别之间的事物，但总的来看，它更加接近前者而非后者。Y 性理念几乎等同于我们应该称作属性 Y 性的事物，分有这个理念也几乎等同于拥有这项属性。

　　对理念论的这个粗略解释不得不略去这个理论的许多重要方面。但如果我们没有提到这个理论当中的基本矛盾——柏拉图本人意识到了这个矛盾所导致的荒谬结论，尽管他没有认清这些矛盾的来源——那么这个解释就太误导人了。与包含于"在多之上的一"原则里的命题（4）相矛盾，柏拉图假设，举例来说，美的理念自身是一个美的理想物体〔并且超越一切地（supremely）美〕，正义的理念自身是某种正义的事物（并且超越一切的正义），如此等等。于是，柏拉图相信：

（6）Y 性的理念是（一个）Y[①]。

如果将这个命题与前文所述的命题（2 c）相结合，我们立刻就会得到这个必然的推论：

（6'）每一个理念都分有它自身。

变得美是分有美的理念，变得正义是分有正义的理念，如此等等。因此，如果美的理念是美的，正义的理念是正义的，诸如此类，每一个理念都分有它自身。但是命题（6'）与命题（4）直接矛盾。我选择把这个矛盾称作柏拉图的理念论的基本矛盾，它是这个理论最大的逻辑缺陷。

---

① 参见《尤绪德谟》301 a-b（或许只是一个玩笑?）、《希琵阿斯前篇》288 d—289 c（美自身必须在任何比较之中都是美的）、《普罗泰格拉》330 c（正义是正义的）、《会饮》（Symposium）210 e—211 b［美自身从任何观点看来、在所有时刻、在任何比较之中、在整个过程中、对每一个旁观者而言都是美的］、《斐多》74 a-d（相等绝对相等）、《巴门尼德》129 a—130 a［相似性、即绝对相似物，不可能不相似；多元性或（绝对）多不可能是一］、132 a（大是大的）、133 d—134 e（知识自身，即知识的理念，是关于真理自身的知识，即真理的理念）。——《理想国》597 c 在证明对于每一种事物而言只有一个理念，例如只有一个床的理念时，含蓄地运用了命题（6）。这个证明的目的是对相反的假设作归谬（reduction ad absurdum）。例如，如果有两个床的理念，两个此类"绝对的床（absolute Beds）"，那么就又会出现一个，它们会作为自己的共有 eidos 所具有的床的理念，然后这第三个床的理念就会是绝对的床，即床的理念，而非另外两个。这个奇妙论证的逻辑似乎如下。假设每一个不可能具有两个床的理念（per impossible that there were two Ideas of Bed），我们称之为 B' 和 B''。根据（6），其中的每一个都是一张床，一张"绝对的床"。因此，根据理念论的基本假设，它们分有一个床的理念，我们称之为 B。从这个点开始，这一论证，或许成为了以待决之问题为论据（petition principii）：B 是**这个**（**the**）床的理念，它说明了 B' 和 B'' 都是（绝对的）床这一事实。（如果这是柏拉图在论证的这一阶段含蓄求助的前提，那么他显然是在预先假设他要证明的唯一性。）根据（4），因为 B' 和 B'' 分有 B，它们就区别于 B。因此，它们当中的任何一个都不是床的理念，具有两个床的理念的假设，就遭到了反驳。——《蒂迈欧》31 a-b 中暗示了一个与此类似的推论。

柏拉图显然没有发现这个矛盾；他从未发现命题（6）和命题（2 c）会一起引出（6'），而他从未构建起这后一个命题。但是他从这个矛盾，得出了自己发现荒谬的结论。假设"大"（great）这个词是"Y"在（2 a）中的可行替换，那么我们就发现存在一个大（Greatness）的理念，I'，分有它会让一个事物变得大。如果 C' 是所有大事物的集合，根据（4），会得出 I' 自身不是 C' 的元素。但是，根据（6），I' 自身是大的。于是，我们得到了一个新的大事物的类别，C''，它除了 C' 的所有元素之外，还包含了 I' 作为其元素。根据（2 a），又一次存在一个大的理念 I''，C'' 的所有元素都分有它。根据（4），I'' 不是 C'' 的元素，因此区别于 I'。根据（6），I'' 自身是大的。以此类推以至无穷。于是我们得到了一个不同大的理念的无限序列：I'、I''、I'''……在《巴门尼德》中，柏拉图借巴门尼德之口对苏格拉底指出了这一荒谬性：

> 我（巴门尼德）欣赏你假设在每种情况下，一个单个的理念是某个像这样的事物的原因：当有多个在你看来大的事物时，你想到，正如你看到它们时那样，对所有这些事物而言，都存在一个单个同一的理念，你因此觉得大是一（the Great is one）。
>
> 的确如此，他（苏格拉底）说。
>
> 但如果你通过心灵之眼（mind's eye），以同一种方式看待大自身以及这许多大的事物，难道不会有另一个

超越其上的大出现，以至于所有这一切都因为它而看上去大吗？

看上去是这样。

也就是说，除了大自身以及分有它的事物之外，另一个大的理念会出现；并且在这一切之上，又再次出现另一个大的理念，因为它的缘故它们都大，而你的每一个理念都不再是一个，而是无限增加。①

后来，亚里士多德在对柏拉图的理念论的批评中，强调了同一个反对理由。与柏拉图截然不同，亚里士多德表现出他明确知道这个无限后退（infinite regress）是如何出现的，即把普遍理念看成是这个理念的特殊分有（particular partaking）。在《辨谬篇》（De Sophisticis Elenchis）中，他讨论了"第三人（the third man)"的争论，《巴门尼德》中陈述了这种形式的争论，他将其斥责为诡辩（sophism）：

这再次证明了有一个区别于人（Man）和单个人（individual men）的"第三人"。但对于"人"而言，这是一个谬误，并且的确，每一个普遍谓语所指代的，不是个体的质料，而是特殊的品质，它或者以某种形式与某个事物相关联，或者属于这一类的某个事物。

———————————

① 《巴门尼德》132 a-b（Jowett 译本）。

亚里士多德又强调似的重申了这个难题的同一个解：

> 很明显，你绝不会承认，我们普遍运用于一个类别的普遍谓语是一个单独的质料，而一定会说，它要么指代一个品质，要么指代一种关系或一个数量，或这个种类的某个事物。①

亚里士多德对柏拉图在假设理念时错误地将特殊质料从普遍物中抽取出来这一做法的不断指责，似乎在事实上主要是针对柏拉图的命题（6）而言，这个命题——如我们已经发现的那样——在理念论中引入了一个矛盾。毫无疑问，通过拒绝命题（6），亚里士多德使普遍概念的逻辑分析前进了一步。

假设命题（6）牵涉到理念和包含于其下的特殊物之间

---

① 《辨谬篇》178 b 36—179 a 10——Cherniss［《亚里士多德关于柏拉图以及学园的批判》卷 I 第 289 — 300 页（*Aristotle's criticism of Plato and the Academy*，vol. I，Baltimore 1944，pp. 289-300）；《早期学园之谜》第 70 页］坚称柏拉图本人意识到了构成《巴门尼德》中悖论起因的错误。Cherniss 的论点的本质是：既然柏拉图陈述了这些悖论，但尚未抛弃理念论，那么，他就不可能把这些悖论看作对这个理论的有效反驳；因此，他一定拥有了针对这些反驳的答案，事实上他一定已经知道了正确答案。在对这个模糊思路的详尽阐述中，Cherniss 重要地利用了（makes important use of）这个假设，即《巴门尼德》中的悖论在《理想国》597 c 和《蒂迈欧》31 a-b 中也得到了暗指。我认为这个假设是一个错误。参见 III 18。我们可以针对 Cherniss 的心理学假设提出如下反驳，即柏拉图经常把关于同一个问题的论证与反驳聚合在一起，而没有找到对困境的确定解决，他的思想很多在本质上且不仅仅是在其字面表达上，是一个怀疑论者同一个信仰之间的心灵对话（mental dialogue）。

的一种新关系。由于命题（6），Y 性理念自身是一个 Y。如果现在一个特殊的 X 是一个 Y，那么 Y 性理念和 X 就会彼此相似，即二者都是 Y。于是我们得出这一结论：

（7）如果一个物体分有 Y 性理念，那么这个物体就与这个理念相似（因为它们二者都是 Y）。

这是柏拉图频繁做出的假设，并且我认为这是一个貌似有理的猜测，即柏拉图对（6）的采纳是他采纳（7）的原因之一。更特别的是，柏拉图经常把理念说成是一个原型（archetype），其中的分有者都是这个原型的副本（copies）或模仿（imitations）①。Y 性理念让他获得了一种理想标准（ideal standard）的地位：成为 Y 就是与这个标准相似——大约是以同一种方式，成为一米的长度就是同标准米（standard meter）相似。这个观点构成了《斐多》中回忆说（doctrine of reminiscence）的证明的基础：举例来说，感知两块石头的相等（equality），就是感知到它们（不完美地）相似于相等（Equality）的理念，因此，这个认知预先假设了此前对这个理念的熟知（acquaintance），这个熟知必须追溯到灵魂在这个人出生之前的生命②。

　　尽管对话集中经常预先做出假设，命题（7），它在《巴

---

① 作为原型的理念的分有者是模仿。这一理念的概念出现在——除《斐多》和《巴门尼德》之外——《理想国》402 c、472 c-d、484 c-d、500 e—501 c、510 a-b、d、520 c、540 a，《斐德若》250 a-b、251 a，《蒂迈欧》29 b-c、37 c-e、39 d-e、48 e—49 a、50 c、52 c、92 c 等中。

② 《斐多》74 a—75 c。

门尼德》中却遭到了拒绝——并且是以极佳的根据！当命题
（7）与命题（5）相结合时，我们就得到了这样的结论，即
存在一个理念 I''，它导致了是 Y 的 X 和我们可以称之为 I'
的 Y 性理念之间的相似。根据命题（4），这个 I'' 理念既不
同于 X，也不同于 I'。现在，因为，命题（7），I' 相似于 I''，
因此，根据同一个论点，存在第三个理念 I'''，以此类推以至
无穷。但是，所有这些理念：I'、I''、I'''……，都仅仅是同
一个 Y 性理念。

[苏格拉底说] 我认为最有可能的观点是，这些理
念在自然界中以模型（patterns）的形式存在，其他事
物相似于它们，也是对它们的模仿；是它们对理念的分
有对它们的同化，仅此而已。

他（巴门尼德）说，如果任何事物相似于理念，那
么，在事物被塑造成与理念相似之物的范围内，这个理
念可以避免与相似于它的事物相似（being like）吗？或
者，有没有可能，相似物（the like）变得不像（unlike）
它的相似物呢？

不存在这种事物。

相似物难道不是必然同它的相似物一样，分有同一
个理念吗？

它必然。

那么，使相似物通过分有其中而变得相似的事物，
将会是绝对理念（absolute Idea），不是吗？

当然是。

那么，任何事物与理念相似，或理念与任何事物相似就是不可能的；因为如果它们相似，那么在第一个理念之外，某个进一步的理念就总会出现，如果它相似于任何事物，那么就还会出现另一个理念，如果这个理念同分有它的事物相似，就总会有一个新的理念涌现出来。

非常正确。

那么其他事物就不是通过相似来分有理念；我们必须探寻某种其他的分有方式。①

此处清楚地指出，这种形式的无限后退建立在对命题（7）的承认之上，并且，基于这个回归，命题（7）遭到了拒绝。但足够奇怪的是，柏拉图显然没有发现命题（7）实际上等价于命题（6），因此，对命题（7）的拒绝在逻辑上要求同时对命题（6）的拒绝，并且，如果命题（6）遭到了拒绝，那么，前面研究过的无限后退的形式，就同样得以回避。

理念论的基本直觉在命题（1）到（5）中得到了表达。理念作为原型或理想标准的观念为命题（6）和（7）所呈现，它与基本直觉相矛盾，并且把整个理论复杂化了。这个理论又被接下来的特征进一步复杂化。当谈及理念的时候，柏拉图经常想到一类属性，我们可以用现代术语来这样描述

---

① 《巴门尼德》132 d—133 a。

这些属性：给定的属性可以确定（determinable）（在英国逻辑学家 W. E. 约翰逊所使用的意义上）①；我们可以按照由高到低的程度来排列这些拥有确定形式的给定属性；在这些程度中，有一个高于其他所有程度。柏拉图构想的美就是这样一种属性：如果某个事物是美的，那么它就总具有某种或高或低程度的美；有一种程度的美高于其他所有程度的美。在柏拉图的理念中，以实在论形式看待，作为总属性的范围之内，我们可以期待柏拉图同时假设了确定性的美的理念以及每一个可以确定这个确定性程度的理念。但众所周知，柏拉图并没有这样做，而是只假设了唯一一个美的理念，但他把这个理念同最高程度的美联系在了一起②。在柏拉图看来，

---

① 参见 W. E. 约翰逊《逻辑学》卷 I 第十一章（*Logic*，vol. I，Cambridge 1940，ch. 11）。

② 特别是在美的概念和伦理学概念的案例中，柏拉图似乎倾向于采用这一思路。最明确的段落，或许是《会饮》209 e—212 a（论美）。另一方面，在几个段落中，这些理念成对出现：美—丑、善—恶，等等。参见《游叙弗伦》（Eutyphro）5 c-d、《理想国》476 a、《斐德若》246 e、《智者》247 a、《泰阿泰德》186 e。或许，柏拉图有时认为，理念存在于一个给定等级体系的两个极点（poles），但这个等级体系的中点（intermediate points），却没有与之对应的理念。O. Becker 在"欧多克斯—研究 V（Eudoxus-Studien V）"《起源于研究……》B：3 中尝试为这样一个论点提出理由，即柏拉图有时把理念和分有者之间的关系，类比为纯粹色彩和混合色彩之间的关系，而欧多克斯进一步详细阐述了这一概念。柏拉图在一些段落中，似乎倾向于这样一种观点，即具有某种程度的某种品质，就是在某种程度上分有这个理念。因此，比如说，并不存在各种程度的美的理念，而只有一个美的理念，但是，特殊物和理念之间的分有关系自身会具有各种程度。参见《理想国》472 b-c。也或许，我们要在这个意义上理解《斐多》101 b：更大的数通过在更高程度上分有多元（或数）理念而更大，更大的尺度通过在更高程度上分有量级理念（the Idea of Magnitude）而更大。

这个最高程度在感觉世界中从来没有例证①。当一个可感物体被说成是分有了美的理念时，这就因此而意味着这个物体具有某种次一等的确定属性；美的理念自身要么是这个属性的最高程度，要么是展现这个程度的理想标准。

柏拉图主要用形而上学的术语在解释理念的形而上学地位，要确定我们可以在多大程度上严肃地对待他在这方面的陈述并非易事。但有一个情况是确定的，那就是理念是"永恒的"②。从柏拉图最为深思熟虑的观点来看，我相信，理念永恒的意义在《蒂迈欧》有关永恒的段落中得到了解释：

> 过去和未来，是创造出来的时间物种（created species of time），我们无意识但错误地将其转移（transfer）到了永恒的本质当中；因为，我们说它（永恒存在之物）'曾经是（was）'、它'是（is）'、它'将会是（will be）'，但真相是单独的'现在是'就被合适地归于它，'曾经是'和'将会是'，仅仅在汇入时间之内时才会得到谈及，……③

同一段落把永恒的时间说成是永恒的动态图像（moving

---

① 参见《希琵阿斯前篇》289 d—292 e、《会饮》209 e—212 a、《斐多》74 a—75 d、《斐德若》250 a-d。

② 参见《斐多》78 d—79 a［不变的理念（the Ideas unchangeable）］、《理想国》500 b-c、《斐勒布》59 a-c、《斐德若》247 d-e。

③ 《蒂迈欧》37 e—38 a。

image），它与产生于统一性（unity）中的永恒自身不同。①
根据《蒂迈欧》对这些词汇的指涉，我们似乎可以这样陈述
柏拉图的观点：

（8）理念不存在于时间中。

《斐德若》（*Phaedrus*）中有关理念位于"天界之上的区
域（the region above the heaven）"② 的陈述是这样一个比喻，
它自身似乎暗示了理念不存在于空间中。亚里士多德明确肯
定了这一印象，即根据柏拉图的思想来看，天界之外不存在
实体，而不在任何一处的理念也不存在于天界之外③。也许
柏拉图相信下列命题：

（9）理念不存在于空间中。

对柏拉图来说，理念的永恒同理念的另一种属性，也就
是理念的简单性密切相关：

（10）理念不是由部分所构成。

《斐多》清楚地陈述了这一命题。苏格拉底在这篇对话里，
做出了证明灵魂不朽（immortality）的一次尝试，他把以下
原则视为理所当然：

> 由部分所构成的事物，我们难道不是自然地，可以
> 通过构成它们的同一种方式解构它们吗？如果任意事物
> 不由部分构成，那么这个事物如果存在，它不就自然而

---

① 《蒂迈欧》37 d-e。
② 《斐德若》247 c。
③ 《物理学》203 a 8—9。参见 209 b 33—210 a 2。

> 然是不可能被解构的吗？……那么，最有可能的情况就
> 是，总是相同且不变的事物，不是由部分所构成的事
> 物，而变化和从来不同的事物，是复合物。难道不是如
> 此吗？①

可感事物属于复合、变化、会消亡（perishable）的实体类
别，而理念属于简单、不变的实体类别②。在《斐勒布》中
理念被称为"单子"，在柏拉图的语言中，这个词通常意味
着某种简单、不复合的事物③。

　　与感觉知觉到的物体截然相反，理念可以仅通过抽象思
维来理解：只有心灵的眼睛才能看见它们。感觉印象或许可
以让我们想到理念，但理念从不是感觉印象内容的一部分。
我们通过具体的心灵能力（specific mental faculty）去理解理
念，这项能力以不同的希腊语词汇命名，而最接近其含义的
英语词汇是"理性（reason）"④。

　　研究理念世界的科学被称为辩证法（Dialectic）。柏拉图
在《斐德若》中陈述了两个原则，这两个原则均被纳入了辩
证研究。其中一个原则是，"在一个理念之中感知分散的特

---

① 《斐多》78 b-c。

② 《斐多》78 d-e。

③ 《斐勒布》15 a-b。参见《斐勒布》16 d，但其中依然把一个理念视为一个单
　子，而同时又把理念说成"多个"——因为它处于种－属等级制度的顶端部
　分——以及"无限"——因为无限多特殊物包含于其中。

④ 参见以《斐多》78 d—79 a、《理想国》507 b-c、511 d-e 为例的篇目。参见 B
　12。

殊物并将其聚在一起",另一个是,"再将事物按照它们的自然节理(natural joints)进行分类,并且不像拙劣的雕刻师那样,破坏其中任何一个部分"①。根据柏拉图的观点来看,所有存在物都被永恒地分配到了类别的体系(a system of kinds)之中②,并且在这个类别体系里,他假设了一个固定的属种等级制度(hierarchy)。一个努力想要认识到这个等级秩序的辩证家,或许可以自下而上开始,即从特殊物开始,然后向上行进,将特殊物归入最低级的种,把这些种聚集在同它们最近的属之下,然后在这个种—属序列(species-genus-sequence)当中一步一步地继续前进;或者他也可以自上而下地行进,在每一个阶段把手边的属分成合适的种。《斐德若》里的两个原则指的就是辩证研究的这两个可能方向。

《斐勒布》把特殊物看成是无穷多和无限变化的事物,而给定属下的种的数量则被认为总是有限的。属种等级中任一特殊物和任一属之间的阶层(stages)数量,似乎也被假设为有限的。辩证研究的第一阶段,相应地具有这样一个特征,它是从无限到有限的过渡,而第二阶段则是反向的过渡。包含在口语字母转录(the alphabetical transcription of the spoken language)中的说话—声音(speech-sounds)分类,作为第一阶段的一个例子被提及③。柏拉图用于说明第

---

① 《斐德若》265 d-e。
② 参见《智者》252 a。
③ 《斐勒布》18 a-d。

二阶段的一些例子有："声音"或"发音"（utterance）属分裂为不同的种，即元音（vowels）、浊音（sonants）、静音（mutes）；"音符"（musical note）属分裂为它的种，即低（low）音、高（high）音和水平（level）音①；　"人类"（human being）属分裂为男人和女人，或数分裂为奇数和偶数②。

与辩证研究的这两个阶段密切相关的任务是定义每一个种类，因为柏拉图把定义看成是在本质上根据附加属性（genus proximum）和差异性（differentia specifica）所下的定义。③

《斐德若》里提出辩证法的两个任务，主要涉及以下问题的回答：这个特殊物属于哪一个种？这个种的近缘属是什么？哪些种属于这个属？定义一个给定的种类则涉及到进一步与之相关的问题：这个种的差异性是什么？

辩证法的第三个任务，在《智者》中得到了明确，我们不能轻易地把这项任务简化成对分类问题的回答。给定两个种类或理念，即 A 和 B 之后，辩证法还需要研究，B 是否真的能够预测 A，或 A 预测 B。柏拉图把存在［Being（Existence，Identity）］、运动（Motion）和静止（Rest）视为他的范式（paradigms），他这样讨论这些问题：运动存在吗？

---

① 《斐勒布》17 a-d。
② 《治邦者》262 c-e。
③ 参见《斐德若》265 d—266 b、277 b-c。同样参见《智者》和《治邦者》中的定义。

静止存在吗？静止在运动之中吗？运动是静止的吗?[①] 同一类辩证研究在《巴门尼德》中得到了丰富的例证。

我们到目前为止提及的辩证法的所有任务，或许在接下来出自《智者》对科学的描述之中得到了暗示：

> 异邦人（Stanger）：现在，既然我们认同理念关于它们的混合物以相似的方式彼此关联，那么一个人他难道不是必须拥有一些科学知识，并且通过理性的方式前进吗？他难道不应该正确地展示，哪些理念同哪些事物相和谐（harmonize），以及哪些理念和哪些事物相排斥吗？同时，如果他要展示，是否存在某些延伸穿过一切事物、并把它们联系在一起，而使得它们可以混合的理念，以及——我再问一次——在分裂当中，是否不存在分裂的其他普遍原则？
>
> 泰阿泰德：他当然需要科学，甚至有可能需要最伟大的科学。
>
> 异（Str.）：那么，泰阿泰德，我们要给这个科学起什么名字？或者，我们是否通过宙斯（Zeus），而不知不觉地偶然发现了属于自由人的科学，并且也许，在寻找智者的时候找到了哲学家？
>
> 泰（Th.）：你是什么意思？
>
> 异：我们难道不会说，根据理念的分裂，以及对同

---

① 《智者》250 a—259 b。

一个理念是另一个，或另一个理念是同一个这一信念的避免，是属于辩证科学的吗？

泰：我们会这么说。

异：那么，可以这么做的人，就对独一无二的理念有一个清楚的认知，这个独一无二的理念从许多彼此分裂的理念当中延伸出去，他也清楚地认知到彼此相异、但包括在一个独一无二的更高理念之下的许多理念，还认知到由许多整体的联合（union）所构成的一个理念，以及许多彻底分开的理念。这是辨别在每一种情况下，与理念一致的交流是否可以发生的知识和能力。[①]

在《理想国》中，柏拉图提出了辩证研究这两个阶段的另一个方面——上升和下降。在第一阶段，心灵逐渐到达越来越高的原则。这些原则最初只是"假设的"（hypothetical），直到心灵掌握了第一原则，它——显然——是善的理念。但是从这一刻开始，心灵就拥有了非假设的更高一类知识。现在它又转向下方，从第一原则中提取出之前的假设。辩证科学这样对待它的假设：

不是作为开端，而是真正作为假设，这么说吧，作为台阶（steps）和跳板（springboards），为了它能上升到不是假设、且为万物之始的理念，掌握了它之后，又

---

① 《智者》253 b-e。

可以继续向下行进直到最后，紧贴着那些挨着理念的事物，不使用任何感觉的物体，只运用通过自身且在自身之上（on themselves）的理念，并且终结于理念。①

　　柏拉图在此处或许想到了的区分《斐德若》和《斐勒布》对辩证法作出的这两个方面的区分。但辩证法的范围显然在此拓宽了，它同时包含了除那些对话集中的分类命题之外的另一类命题。善的理念的支配地位，或许同《斐多》中的学说联系在了一起，这个学说认为，任何事物的最终解释（ultimate explanation）都必须是这样一种表现，即它最好是它所是的样子。此外，善的理念的支配地位，也同《泰阿泰德》为物理世界的解释所规定的类似原则相联系②。辩证法以这种目的论的（teleological）形式解释的内容，不太可能仅仅是分类定理（theorems）。事实上，柏拉图设想了数学科学定理或许可以在辩证法中获得基础③的可能性。于是，在辩证法的最后一个阶段，辩证法在此似乎是一种推论的科学（deductive science），它是整个理性知识（rational knowledge）界的逻辑基础，从第一个不证自明（self-evident）的原则导出它的所有结论，从而表达出它对善的理念的最高洞察。

---

① 《理想国》511 b-c。
② 《斐多》97 c—99 c、《蒂迈欧》29 a。
③ 《理想国》510 c—511 e、533 a-d。

第四章　几何哲学

　　抽象概念（abstraction）和经验主义（empiricism）的结合，使得关于几何学的现代观念具有特点。基本几何概念（fundamental geometrical concepts）被视为变量（variables），几何系统的公理（axioms）则为这些变量加上了某些条件，几何学因此而抽象。如果点、直线、全等（congruence），等等，是一个给定几何系统的基本概念，那么这些概念仅仅是一个变量的集合：X_1、X_2、X_3，等等。这个系统的公理表现出这些变量之间的某种关系，每一个定理又进一步表达了这种关系。对于定理的正确推演显示出，如果任何概念的集合：X_1、X_2、X_3等等呈现出公理所表达的关系，那么这个集合也会呈现推演出来的定理所表现的关系。这个系统的公理和定理本身是真是假并没有意义。它们二者都不是，因为它们不是陈述，而仅仅是"陈述的函数（statement functions）"，变量的合适替换可以将它们变为陈述。只有当在这些函数中出现的变量被替换成个别概念时，这些函数才可能成为可以探究真假的陈述。同样的几何学概念——更准确地说是变量——可以出现在诸多不同甚至互不相容的（mutually incompatible）公理系统之中，这些公理系统全都内在一致（intrinsically consistent）。在这个意义上，有可能存在多个涉及同样概念的不同的几何学。特别是，欧氏几何是几何家族（family of geometries）中唯一一个处理点、直线、全等等概念的几何学。从纯数学的观点来看，在这个系统家族中，我们没有权利把任何一个系统视为相关基本概念的"正确的系统（the correct system）"。

这个纯数学几何学的抽象概念，同应用物理几何学（applied physical geometry）中的激进经验主义（radical empiricism）相联系。当物理学家运用由纯数学制定出来的几何系统时，他是用某些经验概念（empirical concepts），代替了这个系统的变量，从而将纯数学的陈述功能，转化成了经验假设（empirical hypotheses）。如果物理学家以这种方式采用——比如说——欧氏几何，那么，这也并不代表欧氏几何断言任何的绝对真理。只要选定的系统"产生效果（works）"，并且比他能想到的任何其他系统都"更好地产生效果（works better）"，他就满足了。说这个系统"产生效果"即是说，这个系统从一些大致真实的陈述通向另一些陈述，这些陈述都关乎我们多少能够"直接"观察到的事物，并且总是同等大致真实。说一个系统比另一个系统"更好地产生效果"，也就是说，第一个系统在这方面的演绎能力（deductive power）比第二个系统更强，即第一个系统比第二个系统提供了更多和更准确的、关乎"直接"可观察物的结论。在抽象形式中，不同且等价的互不相容的几何系统，可以运用于物理学。当两个系统同时涉及的基础变量被两个不同经验概念集合所取代时，这两个在抽象形式中互不相容的系统被同时应用于物理学的最简情况（the simplest situation）就会出现。虽然这两个抽象系统本身不相容，但由它们通过替代物转化而成的经验假设，却并非不相容。从物理学家的观点来看，也不存在唯一一个能够据称代表着"物理世界的几何学"的几何系统。

因此，现代科学在几何学上可以说是相当谦逊。纯数学家根本不会把任何公理，以及他所研究的不同几何系统的定理断言为真理。他唯一的断言就是定理在逻辑上服从于公理。物理学家则是将几何系统应用于物理实在（physical reality），他只期待为这个系统的真理创建一个非常温和而实际的种类，并且意识到这样一个事实，即在合适的替代物之下，不同系统有可能同等地在经验上可证实（equally empirically verifiable）。

此处粗略表述的几何学的现代观念，对柏拉图而言当然完全陌生。对柏拉图来说，欧氏几何不是现代意义上的一个抽象系统，而是一个要么为真要么为假的学说，真与假的概念在其绝对意义（absolute sense）上得到理解。在柏拉图眼里，欧氏几何的概念不是变量，而是与我们对空间的感知密切相关的某些属性和关系。《美诺》（Meno）以这样一种方式解释了几何符号（schema）的普遍概念，它清楚地显示出了这一概念在视觉感知中的起源。尚待定义的这一概念首先被解释为圆的事物、直的事物，以及一切在几何学中，被称为符号的其他事物所共有的特征。如果我们已经熟悉了颜色的概念，我们或许就可以——苏格拉底如是说——将符号定义为总是伴随着颜色的唯一事物。如果我们不认为颜色的概念是这个定义的充分明确（sufficiently clear）的基础，那么，我们或许就可以取而代之以极限和立方体的概念，并将符号定义为立方体的极限。在这个定义的基础之上，我们就可以把颜色定义为："与所见和感觉相等的符号的发出（effluence）"①。柏拉图在说符号是唯一一个总是伴随着颜色出现的事物时显然想到了我们所说的视觉对象（visual percepts）：他断言，颜色与符号在视觉中总是结合在一起。第二种定义方法，预设了一种非正式的知觉理论，并且认为，我们是通过以某种方式，从外在实体（external bodies）的内在符号出发来认知颜色的。

如果我们问柏拉图想到的是哪些概念，那么在此处指出这一点即可：他完全分享了可被称作——不包含任何轻蔑的含义——对欧氏几何概念的天真、直觉的理解（naive intuitive understanding），每一个学童都能通过初级数学教学（elementary mathematical instruction）的常规步骤，来获得这样的理解。举例来说，在《巴门尼德》中，柏拉图将直线

---

① 《美诺》74 a—76 d。

定义为：其中部"在它的两个端点（extremities）前方"[1]，意思就是，如果你从端点处（end-on）看直线，你就只会看见它最近的终点（endpoint）。

柏拉图坚信通过这种方式理解的欧氏几何的绝对真理。在柏拉图的体系中，数学——其中欧氏几何对于柏拉图而言是两个主要分支之一——紧随作为最高级研究（highest study）的辩证法之后出现，并且如辩证法般，使得灵魂将它的眼睛转向了永恒真理（eternal truth）[2]。柏拉图的信念如下：

（1）欧氏几何主宰绝对和精确的真理（absolute and exact truth）。

同样，柏拉图关于几何证明（verification）的观点，与现代几何学家（geometers）的经验主义直接（diametrically）对立。欧氏几何的证明对柏拉图来说，不是起始于感觉经验的特殊事实的可能归纳（probable induction）问题。欧氏几何的最终证明（ultimate verification），是通过从不证自明的原则出发的逻辑推理而获得的[3]。相较于现代科学，柏拉图在几何学上就非常狂妄。事实的确如此，他被迫认识到应用于可感世界的几何学仅仅是近似真实（approximately true）。但是，他把这种近似真实的几何学看作了一种"大众的"知识，它和真正"哲学的"几何学相区别，也比后者更为

---

① 　《巴门尼德》137 e。参见希思《亚里士多德论数学》第 92 页。
② 　参见附录 B 讨论过的《尤绪德谟》《理想国》和《斐勒布》中的段落。
③ 　参见 III 46。

低级。

让我们把"欧几里德概念（Euclidean concepts）"这个名称，赋予欧氏几何所处理的直觉给定的（intuitively given）空间概念，人们通常是在初级水平上，理解这些概念。像其他属概念（generic concepts）一样，对于柏拉图而言，这些欧几里德概念是"理念""理型"或"本质"，具有永恒存在（timeless existence），并且只能通过思想感知。对几何概念的反思，或许是普遍的柏拉图理念论的主要来源之一。柏拉图在详细解释这个理论时，有时会用几何学为他的理念含义举例。比如在《第七封信》中，我们意识到，圆的理念的过程足以说明，心灵向超感觉的（supersensible）理念世界的上升①。我们可以将柏拉图几何哲学的第二假设陈述如下：

（2）欧氏几何概念是理念（在普遍理念论的意义上）。

对于例示欧几里德概念，或在这个意义上"分有"欧几里德理念的空间物体，我们在此将其命名为"欧几里德物体"。我们可以运用这一术语，将柏拉图几何哲学的基本学说之一陈述如下：

（3）在可感世界中，不存在真正的欧几里德物体。

柏拉图从未在这个普遍形式中发展出这一学说。但他经常做出一些明显预设了这一学说的断言，也明确断言了其中的特殊事例。苏格拉底在《理想国》卷 VII 中讨论天文学时就指出，天文现象从不和天文学家对于它们的数学描述精确

---

① 《第七封信》342 a—343 e。

相符：

> 于是，我（苏格拉底）说，这些点缀天空的星火，既然它们是可见表面（visible surface）上的装饰，那么我们无可否认，必须将它们视为物质世界中最美丽和最精确的事物；但我们必须认识到，它们离真理相去甚远。运动，换句话说，真正的迅速和真正的缓慢，通过真实数字和所有真实符号而得到表达，这些符号在相对于彼此的关系之中真实，也作为它们所运输和包含的事物的媒介（vehicles）而真实。这一切，我们只能通过理性和思想来理解，而不能通过视觉；抑或，你认为事实相反吗？
>
> 绝不，他（格劳孔）说。
>
> 那么，我说，我们必须把天空的绚丽，当作辅助研究那些世界的模式，就像一个偶然发现代达罗斯（Daedalus），或其他工匠，或画家精心画出的图案的人会做的一样。因为任何一个熟悉几何学的人，在看见这些设计时都会承认它们工艺精湛，但如果以在其中发现关于等量（equals），或两倍（doubles），或任何其他比例（ratio）的绝对真理为目的而去认真研究它们，那么他就会觉得这很荒谬。①

---

① 《理想国》529 c—530 a。

就圆的几何概念而论，柏拉图在《第七封信》中如是描述：

> 每一个或在几何实践中或通过车床转动画出来的
> 圆，都是完整的圆。它和第五条（即圆的理念）相对
> 立，因为它处处与直（the straight）相接触。①

这个陈述应该同亚里士多德归于普罗泰格拉②的一个观点相
比较，它清楚地断言，在物理世界中不存在与圆的几何定义
完全相符的物体。

除非我们通过某些必要条件去理解命题（3），否则它显
然会使我们陷入一个谬论。圆的概念是一个落入命题（3）
的指称范围的概念，因此根据命题（3），可感世界中不存在
精确的圆。通过给定的圆的概念，我们可以构建非圆（non-
circle），即不是圆的物体的概念。现在，如果这个非圆的概
念也在命题（3）的范围内构成，那么我们从命题（3）就必
然会得到这个结论，即可感世界中不存在精确的非圆。但
是，如果不存在能够为几何圆所真正描述的可感事物，那么
显然，非几何圆就必须可以描述每一个可感事物。如果不存
在可感的圆，那么每一个可感事物都必须是非圆。如果要求
柏拉图确切解释他否认了可感事物的哪些几何概念，我想，
他会回答说想到了这些概念：点、直线、三角形、正方形、

---

① 《第七封信》343 a。
② 《形而上学》997 b 35—998 a 4。

圆、距离之间的相等，等等。我不会尝试这项困难的——
不，我认为是不可能的——任务，即给出一个使举出的这些
例子都有可能意指的精确归纳。在此处，我们或许可以明确
地观察到，柏拉图不大可能故意让命题（3）具有一个完全
无限制的范围，这个范围必然会导致谬论。因此他必定——
或多或少有意识地——想到了某个合适的限制①。这个限
制——无论它可能是什么——应当加进命题（3），并让这个
命题成为其中一部分的整个推理思路。

　　从命题（3）我们得出，当一个物理物体（physical
object）据称分有了一个欧几里德理念时，这仅仅可以暗示
这个物体具有某种可确定的品质的低级程度，而最高级程度
的这个品质，则为理念所代表。比如说，一个轮子（wheel）
只在这样一个意义上分有圆的理念，即它展现出圆形
（roundness）品质的某种低级程度，而几何学定义的圆的理
念，代表着最高级程度。柏拉图的几何理念在和他的普遍理
念（Ideas in general）具有同等模糊性的时候是最佳的。虽
然圆的理念的主要属性是圆，但它自身同时也是一个圆，即
理想的、标准的圆。于是，通过分有圆的理念，如车轮这样

---

① 柏拉图恰巧以一种忽略某种此类束缚的必要性的方式论证了这一点。《斐多》
　首先把（几何学）相等的概念陈述为从未在任何一对所谓的相等可感物体之
　中得到完美例示的理念（74 a—75 b），（75 c）中也做出了同一陈述，来支持
　大于和小于的概念。这隐含了一个谬误，例如在任意两条可感直线当中，一
　条在长度上既不等于，也不大于，还不小于另一条。

的物理物体，就同时表现出对这个理念的某种近似①。

如前所述，柏拉图区分了大众几何学与哲学几何学。大众类的几何学，举例来说，被用于房屋装修或战事，"搭建帐篷或占据一个位置，或将一个军队向前推进，或在实际战役或进军时的任意其他军事调度"。② 柏拉图所理解的大众几何学是在感觉世界中对几何思想的应用。尤其是，柏拉图把此类陈述归为大众几何学的陈述，这其中任一陈述的大意就是，某个由经验给定的现象具有某种欧几里德式的属性，此外，他也将所有假设此类陈述的推论，用于指涉大众几何学。作为命题（3）的结论，没有任何一个此类陈述绝对为真，接下来的这一命题也由此成为了柏拉图的几何哲学的一部分：

（4）处理感觉世界的大众几何学，至多包含一个下等的、大概的真理。

既然对于柏拉图而言，几何学中存在某种绝对真理是不证自明的，那么几何学就必须包含一个集合的陈述，这个集合的陈述与大众几何学的陈述完全不同。柏拉图把这个集合的陈述称为哲学几何学。在柏拉图看来，所有知识都要么与可感世界相关，要么与理念世界相关。因此他进一步得出结论说，哲学几何学专门关系到理念存在（ideal being）的世界：

---

① 参见《斐多》74 a—75 b、《理想国》510 d-e、《斐勒布》62 a-b、《第七封信》
343 a。

② 《斐勒布》56 e—57 a、《理想国》526 b。

　　你难道不知道吗，他们进一步使用和谈论可见理
型，虽然他们没有在思考这些理型，而是在思考与他们
自己类似的事物，也就是说，为了正方形本身和对角线
本身，而不是为他们所画下的这些事物的图像而进行追
问——在所有情况下都是如此。他们铸造出来和画出来
的这些东西，在水中有它们自己的倒影和图像，而轮到
他们时，他们就把这些东西当成唯一的图像对待，但他
们真正追求的，是去看见那些只能为心灵所见的世界。[①]

现在，让我们暂时撇开哲学几何学研究的究竟是哪些永恒实
体这个问题，我们可以这样陈述柏拉图的观念：

（5）哲学几何学专门处理永恒存在世界的一个范畴。

如果我们试着以一种精确而有效的形式来陈述让柏拉图
得出命题（5）的论证，那么我们会发现，它要求有一个并
非完全不证自明的额外前提。我们根据命题（3）得出了这
样一个结论，即暗示可感的欧几里德物体存在的陈述，从来
不是严格真实的。只要可感世界的几何学包括这些判断存在
的（existential）陈述，那么由于命题（3），它就不会精确真
实。但无论"可感世界的几何学"是否与一套此类判断存在
的陈述同延（coextensive），这个问题都会出现。被称作"可
感世界的几何学"的事物，除这些判断存在的陈述之外，是
否不包含一套判断非存在的（non-existential）陈述，这并非

---

① 《理想国》510 d-e。

先验地明显。如果它包含后一种陈述，那么这些判断非存在
的陈述，就不会被归入命题（3）的裁定（verdict）。难道不
能在这样一个关于可感世界的非存在几何知识（non-
existential geometrical knowledge）中，定位柏拉图所寻找的
这个绝对几何真理（absolute geometrical truth）吗？特别是，
这或许提醒了我们，柏拉图可以在判断非存在的假设陈述
（non-existential hypothetical statements）中，发现他所寻求
的真理。这是毫无疑问的。柏拉图从未专门考虑过这个可能
性，更不用说（a fortiori）他没有做出否认它的任何有意尝
试了。但尽管如此，如果此处对柏拉图几何哲学的解释被证
明合理，那么，我们就可以在柏拉图的思想中追溯一条可被
引证为对这种可能性的一种反驳的思想脉络。我们将会把这
条思想脉络，同我们对命题（6）的后续讨论联系在一起
分析。

现在我们要把注意力转向序言（Introduction）所描述的
问题，在我们对柏拉图几何哲学的分析中，它也许是最困难
和最富有争议的，即哪些类型的实体是在哲学几何学所研究
的永恒存在的世界范围内构成的？关于这个问题，柏拉图学
者赞同两种假设。序言中已经对它们作了陈述，在此也足够
让读者意识到它们的重要性了。第一种假设可以借助亚里士
多德的权威证明，我将其命名为假设 A，根据这一种假设，
柏拉图不仅假设了欧几里德理念的存在，还假设了某些理想
欧几里德物体的存在，换言之，就是例示或分有欧几里德理
念的理念空间物体。根据这个假设，每一个欧几里德理念都

对应多元的此类物体：圆的理念决定多元的理念圆，三角形的理念决定多元的理念三角形，如此等等。有这样一种假设，即欧几里德理念和对应的理想欧几里德物体一起构成了哲学几何学的主题。另一种假设则蔑视亚里士多德的权威，我将其命名为假设 B，根据这一种假设，柏拉图认为，欧几里德理念单独构成了哲学几何学的整个主题。我已经在序言部分简要考察了支持和反对这两种假设的原因。由于预先考虑到了本章、下一章和四个附录中将要提出的论点，我就声明了对假设 A 进行一次新的验证的意图。因此，我认为柏拉图提出了如下命题：

（6）欧几里德理念的完美实例（perfectinstances），存在于理念世界之中。

根据亚里士多德的解释，柏拉图从我们已经接触过的、柏拉图几何哲学原理的两个命题即命题（1）和命题（3）推断出了这个命题①。如果亚里士多德是对的，那么柏拉图的论述如下：

> 欧氏几何为真。（1）
> 感觉世界中，不存在欧几里德理念的完美实例。（3）
> 因此，这些实例存在于理念世界之中。（6）

这个推理思路在形式上并非有效。柏拉图的普遍形而上

① 《形而上学》1059 b 6-12、1090 a 35—b 1。

学立刻提供了一个进一步的前提，即宇宙向可感世界和可理知世界的对分。但同样，这个论述在形式上有效之前还要求另一个前提。这个前提就是，几何学真理预先假设了几何理念的完美实例的存在——它们在某个地方以某种方式存在。如果我们把这些额外的前提包括进来，柏拉图的论述就以如下形式呈现：

　　1. 欧氏几何为真。（1）

　　2. 欧氏几何真理预先假设了欧几里德理念的完美实例的存在。

　　3. 因此，这些完美实例存在。

　　4. 存在物的宇宙分为可感世界和可理知世界。

　　5. 因此，如果欧几里德理念的完美实例不存在于可感世界中，它们就必然存在于可理知世界中。

　　6. 欧几里德理念的完美实例不存在于感觉世界中。（3）

　　7. 因此，这些实例存在于可理知世界中。

　　柏拉图在自己的著述中清楚地表达了这个论述的前提中的1、4和6。前提2在柏拉图出版的著述中没有得到陈述，也没有在亚里士多德对柏拉图的推理的分析中得到提及。但诸多原因使其合理，即前提b）为柏拉图所——或多或少有意识地——假设。

　　首先，从柏拉图时期的古希腊人用于看待科学的、相对简单（unsophisticated）的观点来看，这似乎不证自明，即任何科学都必须研究某一类实际存在之物。动物学研究地球上的动物，天文学研究太阳、月亮和星星，政治学研究人类社会，等等。亚里士多德为这些例子的归纳，给出了一个简明的表达，他在《后分析篇》中说到，每一种科学都关涉某一个属的事物[1]。

> 对科学来说，同样奇怪的是，它的假设对象的存在及其意义，以及它所研究的这些对象的本质属性，例如算术中的单元、几何中的点与线[2]。

如果欧氏几何中存在任何真理，那么就必然——从这个观点看上去——存在诸如点、直线、圆形、三角形、正方形之类的事物。

柏拉图论述 2 的第二个理由是，柏拉图时期的古希腊哲学解释"所有 A 都是 B"这一形式的全称命题（universal propositions）方式。亚里士多德对于逻辑的系统化发展于自然模糊的逻辑概念，这些逻辑概念盛行于当时的古希腊哲学家和科学家之中。我们可以合理地做出如下假设，即亚里士多德关于这些全称命题的学说，使柏拉图所熟悉的先前存在的惯例/用法变得明确。根据亚里士多德的逻辑学说来看，特称命题（particular proposition）"一些 A 是 B"是全称命题

---

[1]　《后分析篇》卷 I 第七章。
[2]　《后分析篇》76 b 3-5。

"所有 A 是 B"的逻辑结论[①]。现在，"<u>一些</u> A 是 B"清楚地陈述，存在一些同时例示概念 A 和概念 B 的物体。如果将亚里士多德的学说应用于欧氏几何的全称命题，那么这些全称命题就使得对应的特称命题成为必然，而这些特称命题断言欧几里德物体存在。

接受柏拉图论述 2 的第三个理由，柏拉图可以在普遍理念论中找到。每一个理念——我们已经在第三章看到——是"在多之上的一"，即它确定了一类多个分有这一理念的特殊物。既然欧氏几何概念在柏拉图的观念中算作理念，那么它们也一样会确定非空分类（non-empty classes）的分有该理念的特殊物。现在，分有这一概念有了数种内涵（connotations）。在某种意义上，分有一个理念，仅仅是去较低程度地拥有某种属性，而理念则代表该属性的最高等级。在这个意义上，可感世界中诸多不完美的圆自身为理念提供了支持它的特殊分有物的类别。但在另一个意义上，也是在基本意义上，分有一个理念就是具有一种是这个理念的属性。从这个观点来看，与圆混为一谈的可感物体不满足条件：圆的理念要求多个不见于感觉世界中的完美圆的存在。

欧氏几何自身的逻辑结构（logical structure）隐含了第四个理由。如果欧氏几何自身的定理断言欧几里德概念的完美实例存在，那么前提 2 就不证自明。如果欧几里德对古希

---

① 《后分析篇》卷 I 第二章里规定的两条变换规则（rules of conversion）是，如果所有 A 都是 B，那么一些 B 是 A，而如果一些 B 是 A，那么一些 A 是 B。它们在一起就暗示，如果所有 A 都是 B，那么一些 A 是 B。

腊几何学的公理化满足公理系统最严格的逻辑要求，那么要
确定前提 2 是否成立就非常容易。它的基本前提的开端就会
向我们预示这些前提是否具有判断存在的意义。欧氏几何的
现代公理化——例如希尔伯特（Hilbert）在他的《几何基
础》（*Grundlagen der Geometrie*）一书中给出的那样——确
实涉及到明确的判断存在的公理。但欧几里德本人对他的
《几何原本》中呈现的几何学理论的公理化仍非常不完善。
欧几里德明确陈述的基本前提（公理和公设）并不构成他的
所有定理的严格逻辑推断的充分条件。在推论这些定理的过
程中，他频繁使用着进一步的前提，这些前提没有得到明确
承认，也只是通过对我们空间直觉的影射而得到证明。现
在，欧几里德的精确前提不直接断言任何欧几里德物体的存
在。但事实上，在欧几里德的证明中，他以我们很快会在一
定程度上进一步描述的方式假设了这些物体的存在。因此，
出现在欧氏几何的现代建构之中的判断存在的公理仅仅做出
了欧几里德已经含蓄表达过的明确假设。众所周知，欧几里
德对古希腊几何学的公理化仅仅是诸多类似尝试中最成功的
一个，并且为数个其他尝试所推进①。或许柏拉图所了解的
几何学的形成本质上相似于欧几里德《几何原本》的几何学
形式。因此，已经对现存几何学理论的内容做出的反思或许
为柏拉图提供了前提 2。

　　这是一个有趣的现象，理念论者柏拉图和怀疑论者普罗

_____

① 　参见希思《古希腊数学史》卷 I 第 319—321 页。

泰格拉从同一个事实得出了不明何故而相反的结论，这个事实是：不存在真正的欧几里德式可感物体，也正因为如此，欧氏几何对可感世界而言并不真实。普罗泰格拉从未设想过任何类似于柏拉图的理念实体世界之物的可能性，他得出了这样的结论——或许是出于相当恶作剧式的满足感——欧氏几何这个在他所生活的时代最伟大的科学成就充斥着错误[①]。认为欧氏几何的真理看上去不证自明的柏拉图拯救了这一真理，他的做法是，假设理想几何物体的领域，并把几何学等同于关于这个领域的科学。

柏拉图用了一整部对话集来阐述普罗泰格拉的伦理学思想的短处（shortcomings），并在《泰阿泰德》中精心批评了他的认识论相对主义（epistemological relativism）。由此看来，柏拉图不可能没有意识到普罗泰格拉对几何学的抨击。这诱使我们做出这样的假设，即柏拉图至少部分发展了自己对几何学的理念论解释（idealistic interpretation），为的是反驳普罗泰格拉的抨击。这一事实又进一步将柏拉图的理念论同普罗泰格拉的怀疑论之间在历史上的密切联系合理化，即这两名哲学家几乎使用了同样的例子来说明欧氏几何对可感世界的非应用性（non-applicability）。亚里士多德讲述道，普罗泰格拉在反驳几何学家时曾说，一个铁环接触的是一条直

[①] 参见 O. Apelt《古希腊哲学史的贡献》第 253 — 287 页（*Beitr-ge zur Geschichte der griechieschen Philosophie*，Leipzig 1891，pp. 253—287）以及 S. Luria "关于古代原子论的无穷小理论（Die Infinitesimaltheorie der antiken Atomisten）"，《起源与研究……》，B：2。

边，而不是一个点①。在《第七封信》中，柏拉图在解释理念物和可感物之间的区别时提到了在几何实践中画成和在车床滚动过程中形成的圆，并陈述说，每一个这样的圆在任何地方都与直线相接触②。

　　尽管晚期古代怀疑论者使用类似于普罗泰格拉的论点来频繁抨击几何学，但柏拉图似乎依然成功保留了对几何学研究的科学价值的信心。一名现代数学家能够在不为欧氏几何的重要性感到绝望的情况下承认普罗泰格拉的观点。他知道，存在一种抽象的欧氏几何，它与我们的空间直觉彻底分裂，因此这样一个事实也无法影响它，即我们在朴素的、直觉的水平上所理解的欧几里德概念不具有任何物质实例。更进一步，他知道应用欧氏几何（applied Euclidean geometry）可能具有科学价值，即使它不包含绝对真理。如本章开头所述，有一种现代数学家，他们会满足于成就的实用真理（practical truth）。但对柏拉图时期的古希腊人来说，绝对真理在科学中至关重要。如果普罗泰格拉的怀疑论获胜了，那么对数学研究必要的热情（enthusiasm）就很有可能消逝。在柏拉图所面对的历史时期，柏拉图理念论一定为几何学的求知（geometrical curiosity）赋予了新的活力。

　　欧几里德本人对欧氏几何的建构是"动态的"（dynamic）。前三条他的所谓的公设断言了创造某些几何物体

---

① 《形而上学》998 a 1-4。
② 《第七封信》343 a。

的可能性，例如两点之间连成一线、无限延长（indefinitely）一条给定的直线、以任何给定的半径和圆心作一个圆。在欧几里德的证明中，这些公设只是间接进入：他假设这些公设所断言的，可能创造出来的物体，实际上已经被创造了。这个步骤的逻辑——欧几里德也许是从更古老的古希腊几何学的公理化中承袭下来的——看上去是可疑的。某种描述下的物体已经被创造并因此而存在的假设是一个额外前提，它的合理性尚未得到一个公设的证明：这样一个物体可以被创造和可以被带入存在。在欧氏几何的现代解释（例如前文提到的希尔伯特的著作）中，使得被谈及的物体的存在成为必然的公理，也取代了欧几里德本人的公设。同原始的欧氏建构截然相反，我们可以把这个解释的现代方法称为"静态的（static）"。

由于几何物体属于永恒存在世界的观点，柏拉图不得不过早提出这个现代"静态的"建构模式。在《理想国》中，他把自己所处时期的几何学家平日里使用的语言谴责为"荒唐的（ludicrous）"。哲学几何学家不会"使其成为正方形"或"延长"一条线段，也不会把一个符号"应用于"另一个。他所研究的永恒物体在人类活动所能达到的范围之外①。柏拉图没有告诉我们，在他的观念中，什么才是表达几何学真理的合适模式。但是，从他的批评得出的推论唾手可得：既然几何学是关于永恒存在的科学，那么几何学家就应该

---

① 《理想国》527 a-c。

说，正方形（永恒地）存在，而不是说"使其成为正方形"；
他应该说，线段（永恒地）是一条更长线段的一部分，而不
是说延长一条线段，如此等等①。于是，通过对几何学的理
念论解释，柏拉图需要几何学的静态建构，而现代几何学家
对逻辑严谨（logical rigour）的渴望把他们引向了这个静态
建构。

　　柏拉图所坚持的几何学静态建构隐含了几何物体实际上
的（永恒的）存在，根据欧几里德公设，所有这些几何物体
的创造都是可能的。它暗示欧几里德证明所使用的所有辅助
构建（auxiliary constructions）都独立于任何人类几何学家的
实践而存在于理想世界中。它也暗示了现实几何无限
（actual geometrical infinite），例如无限直线的存在。当然，
我们并不确切知道柏拉图意识到了他关于几何学语言的观点
的这些暗示。但是，有一个情形使这一点成为可能。亚里士
多德批判和拒绝这两个假设，即几何学建构独立于几何学家
的实践存在，以及现实几何无限。我认为这是一个可能的假
设，即亚里士多德有意识地朝着柏拉图所述观点的相反方向
推进了他的批判②。

　　对几何学理论公理性发展（axiomatic development）的需
求而言，柏拉图的几何哲学中的理想主义形而上学看上去也

①　参见《蒂迈欧》37 e－38 a，柏拉图在其中解释"曾经是"和"将会是"不
　　适用于永恒实在，而只有"是"才可以真正描述永恒实在。
②　参见《物理学》卷 III 第四章——第八章。柏拉图在《巴门尼德》143 a－144
　　a 中假设了现实算术无限的存在。

是一个强烈的促成因素。作为处理理念世界范畴的科学，几何学同辩证科学紧密地联系了起来。几何学成为演绎辩证过程的一个延续，这个过程以第一原则即善的理念为起始点。几何学的最终假设在辩证法中得到了证明，而几何学家本人必须毫无证据地把这些最终假设视为理所当然。这个证明的最终基础由善的理念提供①。与这个推演的理念相吻合，柏拉图指责了在几何学中使用仅仅是有可能的论点的做法②。普鲁塔克（Plutarch）保留了这一传统，而柏拉图本着同一种精神，批判了某些通过机械方法（mechanical methods）解决几何学问题的同时代数学家③。

如同我们关于理念的辩证法知识一样，我们关于理念空间实体的几何学知识是我们生前的灵魂与理想存在世界发生直接联系时所获得的知识的回忆。《美诺》把几何学问题（例如把一个正方形放大两倍）的解决引证为这个学说具有同等说服力的证明，也断言了它对整个几何学界的有效性④。《斐多》中再次提到了有关几何符号问题的解决，认为它给这一学说提供了最清楚的实例⑤。

---

① 当亚里士多德在《后分析篇》中强调这样一种必要性，即每一个学科都必须建立在有关这门学科的特殊属（special genus）的前提之上，他含蓄地拒绝了柏拉图把数学建立在普遍辩证科学之上的想法。
② 《斐多》92 d。
③ 参见 A. D. 斯蒂尔《尺规在古希腊数学中的作用》（*Über die Rolle von Zirkel und Lineal in der griechischen Mathematik*），《起源与研究……》，B：3。
④ 《美诺》81 a—85 e。
⑤ 《斐多》73 a-b。

我们已经注意到，同样从认识论的观点来看，柏拉图的几何哲学同今天盛行于数学家和物理学家当中的经验主义哲学（empiristic philosophy）形成了鲜明对比。根据柏拉图的学说，几何证据（geometrical evidence），即几何学知识的确定性，来自于"上方（above）"，而根据现代经验主义哲学，它来自于"下方（below）"。柏拉图的辩证法第一原则，被认为具有某种理性的自证性；我们通过从第一原则推断出几何学假设，或至少以某种方式在逻辑上将这些假设同第一原则相联系而获得了关于几何学假设真理的确定性。最后，之前得到证明的假设的衍生确立了从几何学中提取出来的定理。

现在我们可以将柏拉图的几何哲学总结为以下命题：

一、存在两类几何学，即"大众的"几何学与"哲学的"几何学。

（一）大众几何学做出关涉感觉经验下的空间物体的几何学断言。既然欧氏几何概念从未在感觉经验中得到完美例证，大众几何学至多只能到达下等的、大概的真理。

（二）哲学几何学不作任何关涉感觉世界的陈述。它做出的陈述包含绝对的、精确的真理。

如果，如我们已经尝试过的那样，我们承认假设 A 而非假设 B，那么关于柏拉图的观点，我们也可以将接下来的命题陈述如下。

二、哲学几何学关涉两类理念实体：几何理念或理型，以及亚里士多德称作几何学"中间物体"的实体。

（一）几何物体是特殊理念几何符号（particular ideal geometrical figures），这些符号例证几何学中使用的概念，比如理念点、理念直线、理念圆等等。"中间物体"的本质属性为：

1. 它们分享体现理念特征的存在模式。

2. 每一个这类物体，都是某个欧几里德概念的完美实例。

3. 每一个欧几里德概念，都对应多个此类完美实例。

4. 几何理念是欧几里德概念，例如点、直线、圆，它们在天真和直觉的意义上得到理解，并上升到柏拉图理念的等级。

三、理念几何物体是几何理念与可感事物之间的"中间物"。这个建构——起源于亚里士多德——看上去表达了以下图表可以总结的整个命题综合体（complex of propositions）：

四、柏拉图用于得出中间几何物体（intermediate geometrical objects）学说的推理可以通过以下形式明确表达：

（一）几何学是真实的。

（二）几何学真理预先假设了真实例证几何学概念的物体的存在。

（三）感觉世界中不存在此类物体。

因此，（四）几何学概念的完美实例存在于感觉世界之外、理念世界之中。

五、既然哲学几何学专门处理永恒存在的领域，这就暗示了几何学家用于影响自己所研究的物体、创造它们或移动它们的几何学语言是不准确的。准确的几何学语言，必须具有一个静态的、判断存在的形式。

六、哲学几何学是一种从它不需要证明就认为理所当然的某些"假设"出发的演绎科学。

七、哲学几何学"假设"必须在最高级的科学，即辩证法或关于理念的普遍哲学研究中得到证实。在辩证法中，它们会从第一原则衍生出来，第一原则是对善的理念的最高洞察。因此在哲学几何学中，证据来自"上方"：从知识的确定性的观点来看，公理先于推断出来的定理。

第五章　柏拉图的算术哲学

正整数计算（the arithmetic of positive integers）的现代公理性发展，让我们知道，这种算术同几何学一样具有两个不同的方面。一方面，有一类抽象算术（abstract arithmetic），它的基本概念被看作变量。在给定的算术公理化中，公理将某个条件加在变量之上，满足这个条件的任意一套概念，必然同时满足任何可推断的算术定理加在同样变量之上的条件。我们知道，存在无限多套不同的概念，这些概念被用于验证正整数的抽象计算。但另一方面，在这些验证正整数抽象计算的概念之中，可以这么说，有一套概念占领了一个特权地位（privileged position）。或者换句话说，在应用算术（applied arithmetics）中，通过用抽象算术变量代替特殊概念获得的概念当中，有一套概念脱颖而出。那就是我们平时在日常生活和科学研究中运用的算术，我们计数时会用到它，比如当我们观察到"这里有 2 辆车，那里有 3 辆车"，以及"它们加在一起是 5 辆车"时。在"2＋3＝5"这个日常算术陈述中，数字（numerals）"2""3"和"5"如同在这类经验数字陈述（empirical numerical statements）当中一样具有同等重要性。对于算术基础（foundations of arithmetic）的现代研究显示，没有任何一种公理化的覆盖面能够大于全部算术真理（total arithmetical truth）的一部分，这个算术真理关涉到用于计数的正整数。让我们把它称为特殊应用算术（special applied arithmetic），它避开了完全公理化（complete axiomatization），它就是"自然算术（the natural arithmetic)"。

关于自然算术的本质是什么，今天的数学哲学家（mathematical philosophers）都没有达成一致。形式主义者受大卫·希尔伯特的启发——似乎倾向于把它看作一个虽然因为某些原因有用却无意义的公式（formulas）体系。其他追随戈特洛布·弗雷格（Gottlob Frege）和伯特兰·罗素（Bertrand Russell）的数学家认为，用纯逻辑术语（purely logical terms）表达任一自然算术命题（proposition of natural arithmetic）是有可能的。对他们来说，自然算术是纯逻辑的一部分，因此也是一个分析命题（analytic propositions）系统。最后，关于自然算术的康德式观点认为，自然算术是一套综合演绎命题（synthetic apriori propositions）系统。以布劳威尔（L. E. J. Brouwer）为首的所谓直觉论者依然捍卫这一观点。

在柏拉图时代，算术尚未被塑造成公理形式，柏拉图也完全不了解抽象算术。他作为哲学家试着"解释"的算术，我们专门称为自然算术。对柏拉图来说，算术陈述与任何其他科学陈述同样有意义，这是不证自明的。更进一步说，他从未严肃地怀疑过自然算术的绝对真理。作为一个逻辑实在论者，他也坚信数字"1""2""3"等指明了某些抽象实在（abstract realities），即正整数自身。柏拉图的主要兴趣在于这个问题："哪一种抽象实在是正整数？"对这个问题的反思促成他——如果现有解释正确——发展了两个不同的理论，数学数理论（the theory of Mathematical Numbers）和理念数理论（the theory of Ideal Numbers）。

柏拉图的算术哲学似乎与他的几何哲学遥遥相望。我不再尝试对柏拉图观点的重要性或他产生这些观点的动机作任何进一步的分析，而要在此列出关于算术本质的某些命题，我相信这些命题可以归于柏拉图。

一、存在两种算术，即"大众的"和"哲学的"学科（discipline）。1. 大众算术对感觉物体作论断：它把这类事物说成"两个军队、两头牛、两个非常大的东西或两个非常小的东西"①。如同大众几何学，它至多具有一种下等的、大概的真理。2. 而哲学算术则迫使灵魂对抽象数（abstract number）作推理，并拒绝思考可见实体或可触实体（tangible bodies）的数②。哲学算术陈述具有绝对的、精确的真理。

---

① 《斐勒布》56 d-e。参见《理想国》525 b-d、《法义》819 a-c。
② 《理想国》525 d。参见《泰阿泰德》195 d—196 b。

二、存在两种理念算术实体，即亚里士多德称作"数学数"的实体，以及他叫作"理念数"的实体。

（一）数学数以下列属性为特征：

1. 它们由某些理念"单元"或"1们"（1's）组成。数学数 N 是 N 个此类单元的集合：2 是二的集合，3 是三的集合，以此类推。

2. 对于此类理念单元或 1 们，存在无限供应（infinite supply）。

3. 理念单元之间不存在区别：两个这样的单元完全不可区分（indistinguishable）。

4. 一个理念单元不包含任何多元部分（plurality of parts）、组成物或特征：无论我们从何种观点看待这样一个单元，它都是且仅是一。

5. 每一个数学数，都有无限多的副本。从理念单元的无限供应中，我们可以通过无限多的方式选取 N 个单元，且每一个选择都给我们提供一个数学数 N 的代表。

6. 基础算术概念（elementary arithmetical notions）是简单的集合论概念（set-theoretical notions）。

（关于相加、相乘和相等这类基本概念，在数学数的学说中究竟是如何解释的，或许存在一些疑问。关于相加，柏拉图和亚里士多德的语言经常产生这样一种印象，即两个数学数相加，就是简单地形成它们的集合论总和。）

7. 数学数是算术研究的数。算术概念是且仅是为它们而定义的。

（二）理念数以下列属性为特征：

1. 他们是理念，即一性（Oneness）、二性（Twoness）、三性（Threeness）等等的理念。

2. 作为理念的理念数是简单实体。

3. 尤其是它们不是如数学数那样的单元的集合（sets of units）。

4. 属于——如已经提及的那样——集合论种类的算术概念，不是为理念数而定义的。因此，算术陈述无关乎理念数。等式（equation），例如 2＋3＝5，只告诉我们数学数 2 和 3 的相加导致（gives rise to）数学数 5；它完全没有谈及理念数，对理念数而言算术相加没有定义。同样，算术陈述，如 2＜5，只适用于数学数 2 和 5。对理念数而言，关系"＜"没有定义。

5. 但是，理念数当中存在一种"优先次序（priority）"关系，它们根据这种关系排成一个序列，这个序列同数学数序列平行，它根据大小排列：1、2、3……

6. 对理念数的研究属于普遍理念论，即辩证法。

三、数学数是理念数和可感事物之间的"中间物"，或可感事物的集合。这一建构——应归于亚里士多德——似乎表达了包含于以下图示（schematic representation）的命题：

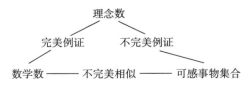

四、柏拉图相信中间数学数（intermediate Mathematical Numbers）的理由至少部分同他采纳中间几何物体（如果他终究有意识地采纳了它的话）的理由相似。柏拉图深信算术陈述为真，但是——引用亚里士多德的话——它们对于可感事物而言并不真实①。因此它们必然相对于另一个事物真实，而它们对其真实的事物，就是数学数。我相信，我们可以将这一论点的逻辑以如下形式表达得更加明确：

（一）算术为真。

（二）算术真理预先假设了真实分有一性、二性等理念，即分有理念数的物体的存在。

（三）在感觉世界中，不存在理念数的完美实例。

（四）因此，理念数的完美实例存在于感觉世界之外的某处。

理念数的这些完美理念实例是数学数。

五、哲学算术同哲学几何学一样处理永恒存在的世界。因此，柏拉图关于同时代几何学②中使用的"荒唐"语言所说的内容，也一定要应用于算术语言。合适地说，我们在算术中不会"加上（add）"两个数，从而创造它们的总和：两个数的总和具有永恒存在，我们只能将心灵眼转向这个总和。因此，亚里士多德在《物理学》中对现实算术无限（actual arithmetical infinite）假设的批判或许意为对柏拉图学

---

① 《形而上学》1090 a 35-37。
② 《理想国》527 a。

说的批判。对亚里士多德来说，数序列（number series）仅仅在无论给定任何数，我们总是可以创造一个更大数的意义上才是无限的[①]。这正是《理想国》的作者会予以谴责的这类不合适的算术语言。他似乎会取而代之以这样的陈述，即对于每一个给定的数，都存在一个更大的数。

柏拉图几何哲学中的命题 VI 和 VII 在他的算术哲学中也有类似物（analogues）。

六、哲学算术是一种从它不需要证明就认为理所当然的某些假设（公理）出发的演绎科学。

七、辩证法在第一原则即善的理念的基础上证实了这些假设。

命题一到七以粗略的轮廓组成，我相信它们是柏拉图的算术哲学最有可能的重构。这些命题提出了诸多问题，我们必须先解决这些问题，然后才能认为自己理解了柏拉图的思想。1. 两个平行种类的数的假设显得毫无根据。理念数是一性、二性、三性等等的理念。如果我们承认理念论所代表的种类的逻辑实在论（logical realism），那么我们也能认同这些理念数的假设。但柏拉图为什么还要另外假设数学数呢？我们已经在命题二—（二）—4 之下提到了一个明显的原因：在柏拉图的观念中，算术概念对几何数而言没有定义。但我们又要问，柏拉图为什么持有这个观念？2. 构成数学数的理念单元是哪一类实体？关于它们的首要信息，是

---

① 参见《物理学》207 b 2-15。

它们彼此不可区分，以及它们当中的每一个都绝对是一（absolutely One），不存在任何内在多元部分（intrinsic multiplicity of parts）。我们至少可以说，这个描述很模糊。为什么，以及在何种意义上，柏拉图要把这些特征归于他的单元？3. 另一个问题关涉命题二—（一）—6。确切地说，柏拉图是怎样把这些算术概念设想为相加、相乘和相等的？他是怎样相应地解释诸如"2＋3＝5"之类的一个算术陈述的？4. 柏拉图为什么倾向于认为只有数学数才真实分有理念数？举例来说，为什么数学数2，相较于由苏格拉底和普罗泰格拉组成的一对而言，更能展现二性理念？就几何学来说，我们很容易发现柏拉图为什么坚称欧几里德理念不能在任何可感物体中得到真实例证。这个论断似乎记录了我们对明摆着的事实（patent facts）的观察。然而，对应的关涉到算术的断言却显得荒谬。

让我们从问题2和3开始。或许柏拉图以一种模糊直觉的方式设想了基础算术概念，而没有定义它们。如果我们以古希腊数学的方式用点代表单元，我们就可以把数2和3看成两个集合的点，它们为连续的线（continuous lines）所限制：

那么，它们的总和就可以被看成是包含在虚线（dotted line）范围内的集合。接下来的插图以一种相似的形式说明了这些数的相乘：

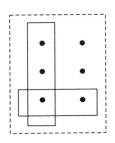

　　欧几里德就是这样理解相加和相乘的（参见《几何原本》，卷 VII，定义 15），我们也没有理由相信柏拉图不这么认为。我们可以试着让这些直觉观念所指向的定义变得明确。既然存在无限多数学上的（Mathematical）2 们（2's）、3 们（3's）等等，我们就必须把数字"2""3"……看成是对 2 们、3 们……当中的任意一个的模糊指代。诸如"2＋3＝5"之类的陈述，我们相应地必须解释为是在说："任何 2 与任何 3 的总和，在数值上相等于（numerically equal to）任何 5"。考虑到数值相等（numerical equality）（同样数值的单元），我们可以将 m＋n 的总和定义为任意集合，这个集合通过把相等于 m 的集合同相等于 n 的集合相连接而形成，前提是这些集合不包含任何共有单元。关于 m×n 的积（product），我们可以类似地解释为任意这样的集合，即我们通过把 m 中的每一个单元和一个相等于 n 的集合相联系，然后连接这些 n 进集合（n-adic sets）① 而得到的集合，前提是其中任意两个集合都不包含共有单元。［这个定义的模糊性

―――――――――

① 指用 n 进制表示的自然数率。（译者注）

无伤大雅，因为对集合的特定选择与算术陈述的真值（truth-value）无关。］

如果这个解释对应于柏拉图的观点，那么他就可以合理地说，这些单元在以下意义上不可区分。诸如"2＋3＝5"之类的陈述的真值，无论是在我们让数字"2""3"和"5"指代的二分体（dyad）、三分体（triad）还是五分体（pentad）单元中都一样。如果这样一个陈述完全为真，那么它在任何情况下都为真，即便我们让同一个数字"n"的不同出现（distinct occurrences），在这个陈述中指代不同 n 进集合的单元。因此从算术的观点来看，我们无法区分一个单元和另一个单元，或区分一个单元集合与一个等值集合。算术的确预先假设了无限多不同单元的存在。但无论一个单元和另一个单元之间的区别可能是什么，这个区别都在算术术语可表达的范围之外（假设基础算术词汇由比方说数字以及相加、相乘和相等的符号组成）。

虽然我相信以上解释是对柏拉图观点貌似真实的合理化，但是这当然还是一种合理化。既然柏拉图不可能对一个含义模糊不清的名称（一个"变量"）有任何清晰的概念，那么他用数学数对算术的解释就一定相当含糊。既然他没有接触过任何正式算术语言，那么他就不可能具有对"可以用算术术语表达"或"从算术的观点来看不可区分"的清晰概念。我怀疑他可能并没有真正意识到后一个概念和"绝对不可区分（absolutely indistinguishable）"之间有区别，因此，他才把无限多的单元，看作单个同一"一"的众多表现形式。于是，任意两个 n 进集合的单元同样会显现为单个同一 n 的表现形式，我们此前对总和与乘积的定义往往会退化为更简单（但是荒谬）的定义：m＋n 是通过联系 m 和 n 所得到的集合；m×n 是通过连接 n 和它自身，次数与 m 中所有单元数量一致而得到的集合。陈述"2＋3＝5"于是就简单地意味着："通过连接 2 和 3，所得到的集合是 5 的集合。"柏拉图的语言（尤其在《斐多》中）以及亚里士多德的语言暗示他倾向于以这种简化但"神秘的"（mystical）形式解释算术陈述。反之，这个简化的讲述模式会在绝对意义上牵涉到区分这些单元的不可能性（impossibility）。对任意两个单元 a 和 b，如果 n 随着 a 增加，以及 n 随着 b 增加，与 n＋1 一致，那么 a 和 b 之间就不可能存在任何区别。我认为，柏拉图有可能把他的单元假设成了不可区分的，至少部分如此，因为他没能找到他的数学数理论所要求的算术概念的（如前所述的）定义。

我们必须在这样一个背景下来考察柏拉图的数的哲学（philosophy of number）。这个背景盛行于柏拉图时期的古希腊数学中数的概念。如果我们按照现有来源来研究这个概念，那么我们立刻就会发现，古希腊的数学家和哲学家似乎都普遍地把一个数在某种意义上看成是一个综合体（synthesis），或集合，或多个单元。据称泰勒斯（Thales）已经在这条脉络下（in this vein）定义了数，类似的定义在日后不断重复，犹如它们是自明之理（truisms）①。我们很容易将这个对于数的定义等同于柏拉图对于数学数的定义。但没有证据显示有任何一个前柏拉图时期的（Pre-Platonic）哲学家对明显属于柏拉图意义上的理念实体抱有信心。柏拉图的单元属于超感觉的永恒存在世界，它——就我们所知——并未为前柏拉图时期的哲学家所知晓。亚里士多德证明了这一史实：

> 他（柏拉图）在将一（the One）和数（the Numbers）同［可感］事物相分离时，就脱离了毕达哥拉斯学派，以及他对理型的引进是由于他在定义界（the region of definitions）的追问［因为早期思想家没有辩证气质（tincture）］。②

因此，数的定义即"多个单元"对前柏拉图时期的哲学家而言，必定还有另外一个不这么复杂的含义。

亚里士多德告诉我们，有必要区分两种意义的数：1. 在可数事物集合意义上的数，2. 可用于数出集合数量意义上的数③。既然柏拉图（和他的老师苏格拉底一起）最先清楚地了解到了抽象概念和作为它们的应用对象的事物之间的区别，那么这并不是一个特别大胆的假设，即数的前柏拉图

① 参见希思《古希腊数学史》卷 I 第 69—70 页。
② 《形而上学》987 b 29-33。
③ 《物理学》219 b 5-7。

定义指的是 1 意义上的数。前柏拉图时期的哲学家陈述说，数是单元的总和，而我要假设他们所说的是用于断言数的事物。那么这个定义是什么意思呢？亚里士多德在关于数的讨论中，总是把这个定义视为理所当然。但是，对亚里士多德来说，这个定义本身并不暗示对柏拉图的数学数理论的承认。事实上，我们可以在亚里士多德的描述当中发现，他对这个定义的另一个含义的指明，这个含义把它变成了一个对 1 意义上的数的相当简单的解释。虽然几乎可以肯定亚里士多德的表述是他自己的，并且难以相信有任何人在亚里士多德之前能达到他的明晰和精确程度，但我依然认为，他使其明晰和精确的概念是古希腊时期常见的数的概念。

根据亚里士多德的解释，计数是一种测量法，事实上它也是所有其他测量方法的雏形（prototype）①。像所有的测量方法一样，计数预先假设我们认同一种尺度。这个尺度就是应用于计数的尺度。亚里士多德将这个尺度的本质解释如下：

> 这个尺度必须总是某个和它所测量的所有事物相同的事物，这个事物是这个尺度所测量的所有事物的属性。举例来说，如果这些事物是马（horses），那么尺度就是"马"（horse），如果这些事物是人，那么尺度就是"人"。如果这些事物是一个人、一匹马和一位神，那么

---

① 《形而上学》1052 b 18-27。

尺度也许就是"活物"（living being），且它们的数量与活物的数量相等。如果这些事物是"人""苍白"（pale）"步行"（walking）……那么这些事物的数量就将会是"种类"或某个此类词汇的数量。[①]

我们可以这样表述亚里士多德的解释，即计数预先假设了对某个单元概念（unit concept）的认同。这一事实的一个重要结论是，我们所数的数在本质上取决对我们对单元概念的选择。假设我们面对着三对夫妻。如果要求我们数他们的数量，那么这个要求在单元概念未被规定时并不明确。如果给我们的单元概念是人类（Human Being），那么计数结果就会是6。但如果给我们的单元概念是夫妻（Married Couple），那么结果就将是3。就我所知，亚里士多德并未以其普遍形式陈述这一结论。它的一个特殊情况是，单元概念的变换可能把计数结果从"一"变为"一个以上"或"许多"，虽然这个计数仍然关涉同一个或一些事物。这个推论——或许对理解柏拉图的算术哲学来说很重要——为亚里士多德所断言，他解释了这样一个事实，即"一个"在结合了数个属性或是包含数个部分的一个整体时也可以是"多个"，这并不涉及悖论。与此同时，他也做出了以上提及的推论[②]。

　　在此我们获得了"单元"这个词的一个重要意义，它是

---

① 　《形而上学》1088 a 8-14。参见《物理学》220 b 20-22、223 b 13-15。
② 　10a《物理学》185 b 25—186 a 3。

古希腊的数学用语，并且摆脱了柏拉图式的含义。数出一个以某种方式指定或限定的范围，或界限内的物体的数量，就是用某个选定的单元概念数出它们的数量。如果我说，"在这个屋里有 5 人"，那么我的单元概念就是人。如果我说，"我的头上有 2 耳"，那么我的单元概念就是耳，抑或是我头上的耳（Ear-on-my-head）。

"一"或"单元"一词的这个意义同它的另一个意义联系在一起。被数出的每一个物体也叫作一个单元或一个 1（相对于单元概念而言）。比如说，如果我用人这个单元来数苏格拉底、普罗泰格拉和高尔吉亚，那么，这三人当中的每一个人都是一个单元（相对于这个概念而言）。这是古希腊数学术语使用"单元"一词的第二种形式。在这个意义上，任何物体无论如何都可以被看作一个单元，或者在某些情况下，被看作一个 1。与这个用法相吻合，亚里士多德说道：

> 就我们而言，我们假设在普遍情况下，无论事物，例如善与恶，或一个人与一匹马，是否相等，1 加 1 都等于 2。①

----

① 《形而上学》1082 b 16-19。欧几里德在《几何原本》卷 VII 中对"单元"和"数"的定义，似乎表现了我们在亚里士多德对"单元"这个词的使用中的模糊性。根据定义 1，"单元就是，每一个事物都相对于它而被称为一的事物（unit is that with reference to which each thing is called one）"——在此处，欧几里德也许是想到了作为单元概念的单元。根据定义 2，"数是由单元构成的多元体"——在此处，欧几里德似乎把"单元"这个词，应用在了给定单元概念所描述的每一个单独物体上。

在这个意义上，一个单元（相对于一个给定的单元概念而言）在以下的简单意义上通常也"不可分（indivisible）"（相对于这个概念而言）：一个人不同时"可分为（indivisible into）"多个人；一匹马不同时"可分为"多匹马。亚里士多德说道：

> 这也很自然，即假设在数中朝着最小（minimum）的方向，存在一个极限，……原因是一，无论它可能是什么，都是不可分的，例如一个人（a man）就是一人（one man），不是多人。另一方面，数是多元一（a plurality of ones）以及某个数量的一。因此数必然终止于不可分……①

我主张这样一个假设，即我们应当按照亚里士多德的这些解释来理解数的"多元"的定义，这一概念在柏拉图时期以前就已经在古希腊的数学当中流行起来了。假设出这一定义的人想到的不是抽象的数，而是作为属性的数。他们坚持认为存在着多元物体，认为它们对应于一个给定的单元概念。与这一概念相关，我们所数的物体自身就是单元，并且它们在通常意义上也是不可分。

除了这个相当明了的、在古希腊数学中或许是公益（commune bonum）的数的概念之外，柏拉图时期还存在着

---

① 《物理学》207 b 1-8。

另一种数的解释,即毕达哥拉斯学派发展起来的解释。毕达
哥拉斯学派也可以说数是多个单元。但这个陈述在他们嘴里
有一个更加深奥的含义。对于他们而言,单元是一类物理点
(physical points)或不可分的物质粒子(material particles),
他们把数看作是这些点的排列(collocations)。[①]

从柏拉图的理念论观点来看,普遍的古希腊(common
Greek)数概念以及毕达哥拉斯学派的数概念看上去都非常
不完善。既然数是多个特殊物体集合的属性,那么数自身就
必须——根据理念论——是某种在这些集合之上的理念实
体。但毕达哥拉斯学派的观点把数降低到了它们的物质实
例:它把数 1 等同于一个点、数 2 等同于两个点,以此类推。
虽然柏拉图有可能受到了毕达哥拉斯学说的强烈影响,但他
显然不可能根据这个情况而承认这一学说。数的普遍古希腊
定义,即"多元单位",只告诉了我们哪些数得到了断言,
但没有告诉我们哪些数在其自身之中。柏拉图不可能满足于
此。他在《斐多》中构建了一个批判,尽管它不是直接针对
这个定义,但至少也能应用于这个定义[②]。在《斐勒布》中,

---

① 《形而上学》(986 a 20-21)、987 b 27-29、1080 b 16-20;《物理学》213 b 22-
29;《论天》(De caelo)300 a 14-19。毕达哥拉斯学派数的概念是丰富文献的
主题。参见 P. Tannéry《关于古希腊科学史》(Pour l'histoire de la science
hellène,2. ed.,Paris,1930)、F. M. Cornford《柏拉图与巴门尼德》(Plato
and Parmenides,London 1939)、F. Enriques《爱利亚学派关于几何学理性
概念的争议》(La polemica eleatica per il concetto razionale della geometria),
《数学杂志》(Periodico di matematiche,1923)、G. Milhaud《古希腊几何哲
学》(Les philosophes géométres de la Grèce,Paris 1900)。

② 参见《斐勒布》,第 131—135 页。

这个定义得到了模糊的暗指，柏拉图暗示自己发现它并不合适。① 我们可以把柏拉图的数学数和理念数概念看作他的两个尝试，他发现现存的数概念不符合要求，于是尝试着改善它们。

虽然柏拉图是在抽象之中寻找一个关于数的解释，但他显然无法让自己彻底摆脱这个信念，即数 2 是一个二进集（dyadic set）、数 3 是一个三进集（triadic set），以此类推。我认为，柏拉图特殊的数学数理论可以——至少部分——从随后抽象的角度和具体的（concrete）角度之间的混淆来解释。如果抽象中的数 2 是一个两个物体的集合，那么是哪两个物体构成了这一集合呢？很显然，这种说法会令人生厌，即数 2 是由，举例说，苏格拉底和高尔吉亚组成的集合，或任意其他两个指定的单个物体组成的集合。如果我们希望保留 2 的抽象本质，那么我们自然就会回答说，它是由两个抽象的 1，或两个理念单元所组成的集合。

如果这些联想导致了柏拉图假设出无限多的理念单元，那么我认为，我们可以发现另一个导致他把这些单元视为不可分的原因。在此，单元仅仅被假设为抽象中的数字"1"所指示的实体。根据现有思路的本质来看，我们不可能完成这个特性描述（characterization）以及对这些单元个别地加以考虑。既然数学 2（Mathematical 2）应该同任何一对特殊事物相区别，那么它的单元就不可能等同于任何指定的特殊

———————
① 参见《斐勒布》，第 125—127 页。

物。于是，对于一个理念单元，我们唯一可以说的就是它是抽象中的1，并且一个单元和另一个单元之间不存在可识别的（discernible）区别。

亚里士多德所定义的"单元"一词可能同时也为前柏拉图时期的哲学家所理解，我们需要注意到，这个词与柏拉图和他的追随者们所使用的同一个词有区别，这很重要。之前在亚里士多德分析过的术语中，一个"单元"，要么是一个单元概念，如相对于我们所数之物的概念，要么是一个相对于给定单元概念的我们所数的物体。在柏拉图的术语中，一个理念"单元"是理念实体的无限集合当中的任意一个，这些理念实体当中的每一个都是抽象中的1。

或许，柏拉图对理念单元的假设从他对毕达哥拉斯学说的联想中衍生出来了某个模糊而直觉的内容。对亚里士多德来说，理念单元相似于几何学或物理学意义上的点，这是不证自明的。根据亚里士多德的解释，一个理念单元和一个点之间的唯一区别就是一个单元没有位置，而一个点却有：

> 在数量上绝对不可分的是一个点或一个单元——没有位置的是一个单元，而有位置的是一个点。[①]

有时，亚里士多德甚至把一个单元描述成"一个没有位

———————

① 《形而上学》1016 b 29-31。

置的点"①。这么说或许并非完全无理，即柏拉图式的理念单元同毕达哥拉斯学派当中作为切西尔的猫（Cheshire cat）相对于猫自身的微笑的点相关联——这个微笑在猫的其余部分消失之后的一段时间内依然留存着。

　　尽管数学数理论是对前柏拉图但的古希腊数的概念更高抽象程度的一个完善，但这个理论也同样没能符合理念论的要求。数学数理论把数看成理念实体是正确的，但它们尚未成为理念。既然我们，比如说，把人类述谓为不同个体的人，并以类似的方式把数 2 述谓为不同集合的事物，那么根据理念论，我们就可以预料到数 2 是同例如人类的理念相并列的一个理念。如果 2 是一个理念，那么它必然就会由于理念论而成为（i）一个独一无二的实体，（ii）在所有分有 2 的二进集合"之上"，以及（iii）内在是简单的（intrinsically simple）。如我们在对理念论的分析中所解释的那样，（ii）意味着 2 自身不是某个可以真正述谓 2 的事物。虽然我们从感觉世界中移除了数学数 2，但根据柏拉图的定义，数学数 2 不能满足这三个要求：（i）它不是某个独一无二的事物，因

――――――――――

① 《形而上学》1084 b 26-27。O. Becker 在"欧几里德《几何原本》第九卷中的直接和间接定理"第 537 页引起了我们对"单元"的这个定义，和毕达哥拉斯学派在小石头的帮助下处理数学问题的传统之间的联系的注意。如果，假设一块石头在几何构造（geometrical configuration）中代表一个点，那么它的位置就非常关键；但如果把它用于代表一个数的单元，那么它在这个数的其他单元当中的位置就不关键。Becker 在第 547 页上也注意到，这个传统在《高尔吉亚》450 d 和《法义》820 c-d 中，或许也得到了暗示，其中把数学和气流游戏（game of draughts）[petteutike，从 pettos＝石头（stone）衍生而来]看作同源艺术。同样参见《斐德若》274 c-d。

为存在无限多个数学 2；（ii）它不是一个位于所有二进集合
"之上"的实体，因为它自身是一个理念单元的二进集合；
（iii）作为单元的聚集体（aggregate），它也并非内的简单。
因此，柏拉图不可能满足于把数学数理论当作构成关于数的
最终真理的理论。在数学数之上，他不得不假设出一个独一
无二的一性、一个独一无二的二性、一个独一无二的三性，
等等，即理念数。在《斐多》中，我们可以直接见证柏拉图
从数学数过渡到理念数的方式。单元 a 和单元 b 的总和为 2
这一事实只能在这种情况下得到解释——如苏格拉底在《斐
多》中所言——我们把二元性（Duality）或二性理念纳入考
虑，并观察到单元 a 和单元 b 的总和分有这个理念①。

　　我认为我们可以以这种方式理解柏拉图如何走向他对不
同的两类数的假设。从数学数概念发展到理念数概念时，柏
拉图在自己理念论体系的框架中拒绝了依然流行的正整数作
为单元集合的定义，并取而代之以正整数是概念集合（sets
of concepts）的定义。他在这个过程中，从本质上来讲，是
迈出了德国逻辑学家（logician）戈特洛布·弗雷格在上世纪
迈出的同一步。伯特兰·罗素日后发展出了关于正整数的一
个类似的解释，他把正整数定义为集合的集合（sets of
sets）。至于我们说到的是一个集合还是决定这个集合的概念
或属性，这无关紧要。因此，我们或许也能以集合属性的形
式，将构成正整数的弗雷格－罗素解释（Frege-Russellian

---

① 参见《斐多》，第135页。

interpretation）基础的基本直觉（basic intuition）表达出来①。以这种形式陈述的解释显然类似于柏拉图的理念数概念，但柏拉图未能意识到这一发现的完整支座。与弗雷格不同，他没有认识到集合属性意义上的数仅仅是被需要的数（numbers needed），并且可以用使我们普遍承认的算术陈述得到证实的方式，把算术的关系和运算用于给这个意义上的数下定义。至于算术关系和运算，除了仅仅适合于柏拉图的数学数的定义之外，他似乎再没能想到任何其他定义。因此，他断言理念数存在于算术界之外，并构成了哲学辩证法（philosophical Dialectic）的主题的一部分。

到目前为止，我们只解释了柏拉图算术哲学的一部分，即本章开头所总结的这一部分。最重要的是，这两个事实的原因尚待解释，即柏拉图为什么认为由数学数构成的理念单元，不受制于任何内在的复杂性（intrinsic complexity）的原因，以及为什么据说他假设只有数学数才真正分有理念数的原因。在《理想国》卷 VII 中有一段对话似乎给我们提供了一个关于柏拉图的动机的线索。苏格拉底坚持认为，存在某种感觉印象，它引诱（invite）智慧之人（intellect）超越感觉世界去寻找一个理念世界，这种印象和相反的印象同时产生。对话中提出了这个问题，即统一性和数是否属于这个类别的印象：

---

① 参见弗雷格《算术基础》（*Die Grundlagen der Arithmetik*，Breslau 1884，reprint Oxford 1950）和罗素《数学哲学导论》（*Introduction to mathematical philosophy*，London 1919）。

好吧，从我们已经说过的部分推理出来吧。因为如果统一性可以通过其自身显现或是为某种其他感觉所获得，那么它就不太可能吸引心灵去获知本质，正如我们在手指的例子中所解释的那样。但如果某种矛盾总是碰巧伴随着它，使其显现为一，并不胜过显现为相反物，那么我们立刻就需要某个事物来评价它们，而这也会迫使灵魂不知所措，并通过在自身中唤醒思想来追问究竟什么才是这样的一，对统一性的研究也因此而成为引导灵魂进行、并将灵魂转化为对真实存在的思索的研究。

但是的确，他（格劳孔）说道，对统一性的视觉知觉尤其会涉及这一切。因为我们立刻就把同一个事物看成了一和不确定的多元（indefinite plurality）。

那么，如果对于一而言这是真实的，我（苏格拉底）说道，那么对于所有的数也同样如此，不是吗？

当然是。①

在此，柏拉图似乎采用了这样一种推理思路，它强烈暗示着一个芝诺悖论（Zeno's paradoxes）②。我相信我们能以更加正式的形式将他的论点表述如下：

1. 如果任何数都可以应用于一个集合的可感物体，那么这个集合当中的每一个物体都必须真正为一。

---

① 《理想国》524 d—525 a。
② 参见 H. D. P. Lee《爱利亚的芝诺》［*Zeno of Elea*（创新出版社 1936）］中第 8 篇文章。

2. 但是，任何可感物体都包含有众多特征，或组成物，或部分。

3. 因此，没有一个可感物体真正为一。

4. 因此，没有一个数可以真正应用于任意集合的可感物体。[①]

如果我们的假设正确，那么这个论证就忽略了一个直觉，**数作为"多元"，即数总是建立在对一个给定单元概念的指涉的基础之上**，这一经典古希腊定义已经含蓄地表达了这个直觉。根据今天的柏拉图学者普遍达成的共识来看，柏拉图本人在《理想国》之后的几部对话集中驳斥了这一论证。在《巴门尼德》中，苏格拉底宣称自己可以同时体现为一和多的事实并没有任何令人费解之处：

> 但如果他显示我既是"一"也是"多"，那么这当
> 中会有什么奇迹呢？他会说，当他希望体现我是"多"

---

① 这一推理形式的变种出现在《巴门尼德》165 e。

接下来，让我们再次回到开头并得出结论，如果其他存在，而"一"不存在。

让我们这么做吧。

好的，其他不会是"一"。

当然不会。

它们也不会是"多"；因为如果它们是"多"，那么"一"就会包含其中。而如果它们当中的任何一个都不是一个事物，那么它们就都什么也不是，所以它们不可能是"多"。

《巴门尼德》中的这个论证相较于文中讨论的《理想国》中的论证与芝诺悖论更接近。《巴门尼德》137 c-d、143 a 以及《智者》245 a 包含了至少在字面上暗示这一点的推理。但是，柏拉图在这些段落中似乎是在讨论一-性理念，而不是作为一的任何事物。

> 时，这里就会有我的右边部分（right parts）、左边部分
> （left parts）、前面部分（front parts）和后面部分（back
> parts），以及同样，上部和下部，全都不同；因为我认
> 为我分有"多（multitude）"；而当他希望体现我是
> "一"时，他会说我们在这里有七个人，我是其中之一，
> 一个人，也分有统一性；于是他证明了两个断言皆
> 为真。

苏格拉底还补充说，这样一个人道出的不是悖论，而是自明
之理①。柏拉图在此通过苏格拉底讲出的评述，我认为可以
表述如下：举例来说，相对于单元概念"一个人的一部分"，
苏格拉底显现为一个大于 1 的数，或分有多。但相对于单元
概念"人"或"在场的人（man present）"，苏格拉底就以数
1 为特征。虽然柏拉图于日后摒弃了他在《理想国》中使用
的这个推理思路，但这一定是形成他的数哲学的因素之一。
真正分有一性的事物必须缺少所有本质上的复杂性或多元
性；在这个意义上，它必须是一个不可分的单元。真正分有
二性的事物必须是一个包含两个这类不可分单元的集合。以
此类推。因此，只有数学数真正分有理念数，并且构成数学
数的理念单元，必须不仅互相不可区分，还要绝对简单和不
可分。如果一个理念要求多个真正分有这个理念（在真正具

---

① 《巴门尼德》129 c-d。同样参见《智者》251 a-c、《斐勒布》14 c-e。亚里士多
　德在《物理学》185 b 25-34 中，批判了同一种诡辩。

有使其成为这个理念的属性的意义上）的物体存在，那么一个理念数就不可能存在，除非在理念数和可感事物集合"之间"存在众多由内在简单的单元构成的对应数学数。

如前所述，亚里士多德在对柏拉图的算术哲学的批判中，频繁使用了另一个概念来代替理念数的概念。虽然亚里士多德说理念数是理念，而柏拉图把理念断言为非组合的实体（uncompounded entities）（因此当然也非单元的集合），但亚里士多德也在对柏拉图的学说的批判中把理念数视作了单元的集合。他在自己的批判中所承认的理念数和数学数的唯一区别，就是在数学数中所有单元都是"可联系的（associable）"（"可比较的"），以及"无差别的（undifferentiated）"，而在理念数中，这些单元是"不可联系的（inassociable）"（"不可比较的"）以及"有差别的（differentiated）"①。

"可联系的"（"可比较的"）以及"不可联系的"（"不可比较的"）所用于替代的希腊语词汇（symbletos 和 asymbletos）在亚里士多德的学说中的通常含义如下：如果两个数值（magnitudes）的数量可以比较，那么它们就可以关联，或者，如果一等于，或大于，或小于其他数，那么两个数值就可以关联②。亚里士多德把这些术语应用于数，也应用于单元。当应用于数时，这些术语显然具有以上所述的

———————

① 《形而上学》卷 M 第 6—8 章。
② 参见范·德·维伦：前引作品，第 61—65 页。

含义，或类似于以上所述的含义。但是在对单元的应用当
中，这些术语就显然意味着别的事物。对于单元，亚里士多
德使用了"可联系的"和"无差别的"这两个词语和它们的
反义词，就如同它们可以相互转化一样。我认为，如果首先
考虑理念数单元有差别的假设所必然导致的结论，那么我们
就最好能够理解他所描述的这两类单元特征的意指。数学数
单元在这个意义上无差别，即它们不可区分：一个单元被另
一个单元所取代的情况不影响一个给定数学数的同一性
(identity)。因此，理念数单元的差别必然意指每一个这样的
单元都具有不同的个性 (individuality)：一个给定理念数的
同一性，不允许另一个单元对一个单元随意的 (arbitrary)
取代。根据亚里士多德的解释，有差别单元的假设可能具有
这两种备选形式之一。要么 (i) 假设所有单元无一例外都有
差别，要么 (ii) 属于同一个数的单元互无差别，但是，来
自一个数的单元总是同来自另一个数的单元具有差别①。根
据 (i)，存在不同单元的无限供应：a、b、c……而每一个数
都是一个此类单元的确定集合 (definite set)。根据 (ii)，1
是一个单元 u_1、2 是一个单元的集合 (u_2，u_2)、3 是 (u_3，
u_3，u_3)，以此类推，最终，对于同一的 i，所有 u_i 都不可区
分，但对于 i≠j，u_i 和 u_j 之间存在差别。在这两个"有差别
的单元"的假设形式之下，我们可以推断出单元的随机选择
(random selection) 不总会构成一个数：并非任意单元都可

---

① 《形而上学》卷 M 第 6—7 章。

以聚合成一个数。在这个意义上，我们可以把有差别的单元说成是"不可联系的"。相反，进入数学数的单元在这个意义上是"可联系的"，即对它们的任意选择都构成这样一个数。

　　根据亚里士多德的解释，单元在（i）的意义上有差别的观点没有得到任何支撑①。但他暗示了柏拉图把自己的理念数看成是由（ii）的意义上有差别的单元所构成，并且他对柏拉图的理念数理论的批判大部分都预先假设了这一解释②。

　　理念数的这个新定义显然同我们此前研究过的定义大相径庭。尽管如此，新意义上的理念数同旧意义上的理念数还有一个重要的共同属性：算术的运算和关系，如柏拉图所设想的那样，不是为理念数而定义的。在这个意义上由有差别和不可联系的单元构成的理念数，其自身也"不可联系"或"不可比较"③。我们在此处可以使用这个术语的标准含义：没有一个理念数等于，或大于，或小于另一个理念数。但亚里士多德把理念数的不可联系性归给了柏拉图，我们可以合理地把这一性质解释为：它同时暗示理念数之间"不能相加或相减（subtract），不能相乘或相除（divide）"④。

　　一些学者假设，亚里士多德在此处误解了柏拉图。他们认为，柏拉图所承认的理念数的唯一意义就是本章开头所陈

---

① 《形而上学》1080 b 8-9、1081 a 35-36。
② 《形而上学》1080 b 11-14。同样参见整个卷 M 第 7 章。
③ 《形而上学》1083 a 31-36。
④ 参见 W. D. 罗斯《亚里士多德形而上学》卷 II（Oxford 1924）第 427 页。

述的意义。他们坚持认为，亚里士多德在批判柏拉图的过程中没有感到必须使用一种迫切的批判方法。对亚里士多德而言，所有真正的数（genuine number）都是多个单元，这是不证自明的。既然所有的数都具有这个本质，那么柏拉图的理念数也不应该例外——如果真的存在理念数这种事物的话。因此，亚里士多德在努力反驳柏拉图的理念数理论时，他并不是在问自己："存在——如柏拉图所意味的——不是单元集合的理念数吗？"，而是在问自己："那么，存在是单元集合的作为数的理念数吗？"柏拉图本人否认理念数是单元的集合，当这个问题在于评估柏拉图立场的有效性时，它与亚里士多德无关①。

这个观点或许正确，但不足以说服我。很难相信，亚里士多德在批判他的老师时会表现出如此教条的盲目性，也很容易相信柏拉图本人并不十分清楚他的理念数的本质。同时，柏拉图本人关于数学哲学问题的思想如我们所看到的那样非常坚固地根植于数是多个单元的普遍的古希腊概念。但是，不考虑由有差别的单元构成的理念数理论究竟是柏拉图本人思想的真实呈现，还是亚里士多德为了讨论这个问题而建构的理论，这个理论事实上代表着回避数学数理论当中的固有困难之一的另一种方法，这个难题就是数学数理论的独特性的缺乏。这个理论同第二章的命题（4）所表达的柏拉图的理念论的基本直觉不相符。作为有差别单元集合的理念

---

① 参见以范·德·维伦：op. cit.，第 7 章，尤其是第 87—89 页为例的文本。

数自身是数可能真正述谓的某个事物，而命题（4）禁止一个理念述谓它自身。但是如我们所见，理念论涉及到一个矛盾：理念也被看作是能够真正述谓它的某个物体分有一个理念的物体同理念自身的关系，也被相应地解释为相似或模仿的关系。理念数的新概念同第三章的命题（6）到（7）所表达的理念论的另一面非常吻合。在一个给定的可感物体集合与这个集合能够真正述谓的理念数之间，根据这个理念数的新概念，存在一个确定的"相似"。我们可以把这个给定集合的元素放进同理念数的有差别单元的一一对应（one-to-one correspondence）之中：对于每一个元素，都有一个单元精确地与之对应，并且对于每一个单元，都有一个元素精确地与之对应①。

数 N 作为一个包含 N 个元素的指定集合的定义是这个定义的合理替代，即 N 是任意包含 N 个元素的集合的属性。关于数学基础（foundations of mathematics）的现代研究成功使

----

① 　显然，亚里士多德为自己对有差别单元集合的理念数的解释想到了某种历史基础。他陈述说，没有一个理念数在第 81 页（i）的意义上使这些单元有差别，这个陈述暗示了某个人的确在（ii）的意义上使得这些单元有差别：如果不是柏拉图本人，那么就是某个观点和柏拉图紧密联系的思想家。——O. Becker《理念数细分的产生》（Die diairetische Erzeugung der Idealzahlen），《起源与研究……》，B：1（1931）把理念数解释为理念的集合，通过一种细分（diairetic）运算得到。他的解释是受到了 J. Stenzel《柏拉图和亚里士多德的数与形》（Zahl und Gestalt bei Platon und Aristoteles，2. Ed.，Leipzig—Berlin 1933）的启发，并由 J. Klein：前引作品做出了进一步的详尽阐述。虽然这个解释的证据微乎其微，虽然它看上去不可能否认柏拉图也至少把理念数看作理念，但这个解释也有利于表现一种公正对待亚里士多德针对柏拉图理念数理论的矛盾处理的可能方式。

用了这两种定义。从抽象数学理论的观点来看，一个集合序列：(a)、(b，c)、(d，e，f)……，或许具有要求正整数序列：1、2、3……所具有的所有正式属性。把数等同于此类集合的定义也似乎完全公正对待了这些描述当中的数："苏格拉底和高尔吉亚是 2 人。"我们应该把这个描述理解为意指："元素为苏格拉底和高尔吉亚这两个人的集合，可以一一对应于是数 2 的集合（the set which is the number 2）。"而不是将其理解为："元素为苏格拉底和高尔吉亚这两个人的集合，具有 2 的属性。"

附录 A　亚里士多德对柏拉图的
　　　　几何哲学的分析

　　这是一个众所周知的事实，即亚里士多德把这一学说归于柏拉图：存在三种基本类型的实体，即理念或理型、数学中间物和可感事物：

　　　　柏拉图假设了两类实体——理型和数学体——以及第三类即可感实体的质料。①

在另一个段落中，亚里士多德把柏拉图学说的支撑物（upholders）称为：

　　　　相信理型和数学体的人处于理型和可感事物之间。②

---

① 《形而上学》1028 b 19-21。
② 《形而上学》995 b 16-18，参见 997 a 35—b 3。

关于柏拉图据称用来假设数学体中间界（intermediate realm）的意义，亚里士多德解释如下：

> 进一步说，除可感事物和理型之外，他［柏拉图］还提到了存在数学体，它们占据了中间位置（intermediate position），以永恒存在和不变的方式区别于可感事物、以多物相似（many alike）的方式区别于理型，而理型自身在每一种情况下都是独一无二的。①

对亚里士多德的这些话语的自然解释似乎如下：只存在一个独一无二的圆理念，但是在这个理念和发生于可感世界之中的圆形物体之间存在多个数学圆（mathematical circles）；在任意其他种的几何概念的情况下也是如此。毫无疑问，这个解释是正确的。在开始讨论永恒及不可移动的（immovable）实体的问题时，亚里士多德说道：

> 关于这个主题有两个观点：据说数学体——即数、线和类似物——是实体，而理念也是实体。②

数学体在此被称为"数、线和类似物"。我们暂时可以忽略"数"：它们是算术的中间物体，我们将会在附录 C 和 D 中单

---

① 《形而上学》987 b 14-18。
② 《形而上学》1076 a 16-19。

独讨论。"线和类似物"这个短语暗示了几何学的中间物体：它们是线、三角形、圆形、正方形、立方体等等。

根据中间物学说，以如下段落为例的内容，清楚地陈述了存在多个甚或是无限多个每一类中间物：

> 总的来说，有人或许会提出这个问题，即除去可知觉事物和中间物之外，我们究竟为什么还必须寻找另一个类别的事物，即我们（柏拉图主义者）所假设的理型。如果是因为这个原因，即因为数学体在某个其他方面区别于这个世界当中的事物，却由于以下原因而彼此之间根本没有区别，即存在多个同类事物，因此它们的第一原则不能仅限于数量（正如在这个可感世界当中，所有语言的元素不限于数量而限于种类一样，……所以在中间物的例子里也是如此；因为同一类别的成员在数量上也是无限的）……：那么，如果必须如此，理型也就因此而必须存在。即使支持这一观点的人没有清楚地表达出来，这仍然是他们的意思……①

因此，根据亚里士多德的解释，柏拉图相信几何学的某些中间物体的存在，它们具有以下属性：

1. 它们属于永恒不变存在的世界；

2. 它们是几何理念的实例；

---

① 《形而上学》1002 b 12-28。

3. 每一个几何理念都有多个此类永恒实例与之适应；

4. 它们属于几何科学研究的主题。

亚里士多德不仅告诉我们柏拉图坚持这一学说，还解释了导致柏拉图信奉这一学说的原因：

> 但是认为数可分离（separable）的人［柏拉图主义者］假设，数存在并且可分离，因为［算术的］公理不适用于可感事物，而数学［此处为：算术］陈述为真并且"使灵魂愉悦"；数学中的空间量级（spatial magnitudes）也类似于此。①

这个陈述关涉到柏拉图的算术哲学，我们将会在附录 C 中详细解释。这个陈述含蓄地断言了柏拉图用来假设几何学物体的基础是（i）几何学的陈述（它的公理和定理）为真，以及（ii）它们"不适用于可感事物"。命题（ii）看上去首先意味着，在欧几里德概念或理念中不存在作为完美实例的可感事物。举例来说，在亚里士多德详述支持和反对中间数学体假设的原因的文本中，以下选段暗示了亚里士多德通过（ii）所表达的意思：

> 但另一方面，天文学不可能处理可知觉量级（perceptible magnitudes），也不可能处理在我们之上的

---

① 《形而上学》1090 a 35—b 1，参见 1059 b 6-12。

天穹。因为可知觉的线（perceptible lines）都不是几何
学家谈及的这类线（因为不存在这个几何学家定义之下
的"直的"和"圆的"可知觉事物；因为一个铁环与直
边所接触的部分不是一个点，但普罗泰格拉在反驳这位
几何学家时，曾说它接触的就是一个点），天上的运动
和盘旋上升的物体（spiral objects）也不像天文学所处
理的物体，几何点（geometrical points）的本质也同实
际的星星相异。①

在此，亚里士多德预先假设了天文学把星星看作了几何点，
并将其运动描述为几何弧（geometrical curves）[例如螺旋线
（spiral lines）]。但真实情况下的星星却不是几何点，它们的
运行轨迹也不是几何学所定义的弧。因此，天文学不是真正
处理我们通过感觉认知的天体现象的科学。根据亚里士多德
的解释，这个论点与柏拉图用于证明几何学中间物体存在的
论点类同②。

---

① 《形而上学》997 b 34—998 a 6。
② 亚里士多德也通过利用另一个论点对几何学中间物体存在的证明实现了对中
间物理论的一种归谬："再说一次，存在某些普遍的数学定理，它们延伸出
了这些实在之外（即下一句话中列举出来的任何一个类别之外）。那么我们
在此就会有另一个中间实在，它既同理念分离，也同中间物分离，既不是
数，也不是点，既不是空间级级，也不是时间。如果这不可能，那么显然前
一类实在[柏拉图中间物]也不可能与可感事物分离而存在。"（《形而上学》
1077 a 9-14）。亚里士多德在此想到的普遍数学定理是被断言适用于所有类型
数量的定理。欧几里德的一些公理为此类定理提供了例子。参见希思《亚里
士多德论数学》第 222—224 页。亚里士多德含蓄地采用以及他认为会导向
一个谬论的论证以如下形式呈现：使 A、B、C⋯⋯作为某些类型的数量（算
术的、几何的，等等）。如果此时，有一个定理等量地适用于所有这些类型，
那么就一定有一类介于 A、B、C⋯⋯和理念之间的实在与这个定理相对应。
柏拉图的著述中没有这种古怪思想的任何痕迹。很有可能亚里士多德在此是
发明了一种推理，他认为这种推理是中间物学说可能用到的支撑物。

亚里士多德归于柏拉图的推理为我们展示了中间几何物体的一个新的方面。它们必然存在，因为欧几里德理念中，不存在是完美实例的可感现象。因此，中间几何物体显然被看作是此类完美实例。根据亚里士多德的解释，为柏拉图所假设的中间几何物体赋予特征的第五个属性是：（5）在欧几里德理念中，不存在是完美实例的可感现象，而几何学的中间物体则是此类完美实例。

在亚里士多德看来，柏拉图的推理不可能是正确的，因为如果它正确，那么相似的推理在数学科学的其他方面，例如在天文学中，就同样正确，但是在其他这些情况下，这个结论显然是荒谬的：

> 因为显然，在同一个原则下，会有除线自身（不同类别的线的理念）之外的线以及可感的线，对于每一类其他类别的（数学科学中的）事物而言也是如此；因此，既然天文学是数学科学之一，那么就会有一个除可感天穹之外的天、除可感物之外的一个太阳和一个月亮（以及其他天体）。但是我们如何相信这些事物的存在呢？哪怕是假设这样一个静止的实体都是不合理的，而假设它运动就更不可能了。[①]

这个段落——应该将其与以上引述的、关于天文学的另一段

① 《形而上学》997 b 14-20。

话相比——暗示，在亚里士多德的观念中，一个人或许具有
同等权利做出关涉天文学的以下推断：

> 天文学为真。
>
> 在感觉世界中，不存在与天文学所描述的某些事物
> 表现精确相同的事物。
>
> 因此：这些事物——天文学的中间物体——存在于
> 永恒不变存在的世界之中。

针对这一推理所导致的结论，亚里士多德提出了两个反驳：
(i) 这个结论本身并不可信，"但是我们如何相信这些事物的
存在呢"？(ii) 这个结论在逻辑上不可能："哪怕是假设这样
一个静止的实体都是不合理的，而假设它运动就更不可能
了。"天文学描述运动的物体，因此，如果存在任何天文学
的中间物体，它们就都必须是运动的。但是作为中间物体，
它们必将属于永恒不变存在的世界：于是，它们必须是静
止的。

亚里士多德归咎于柏拉图的学说有一个直接推论，那就
是严格地说，几何学家从不构建自己的证明所关涉的几何符
号。他固然有可能画出一个物理符号并在作证明时看着它。
但这个物理符号至多是一个对他的证明所真正涉及的永恒几
何符号的不完美模仿。亚里士多德在看似针对这样一个（从
他自己的观点看来）柏拉图理论的段落中强调，几何符号在
通过几何学家的思考进入现实之前仅仅具有潜在存在

（potential existence）：

> 也是通过一项实践，几何学构建才得到了发现；因
> 为我们是通过分割（dividing）而发现它们的。如果这些
> 符号已经分开，那么这些构建就会变得明显；但是，如
> 它们所是的那样，它们仅仅潜在地（potentially）在场。
> 为什么三角形的角等于两个直角？因为位于一个点两边
> 的角等于两个直角。如果一条平行于边的线已经被向上
> 画了，那么在一个人画出这个符号的同时，其中原因对
> 于他而言就很明显……因此显然，潜在存在的构建是通
> 过进入现实而得到发现的；其原因是由于几何学家的思
> 考是一个现实；因此，潜能（potency）从现实
> （actuality）出发；所以人们是通过做出构建而认识它们
> 的［虽然单独的现实（single actuality）晚于对应的潜能
> 出现］。①

亚里士多德对一个假设进行了反驳，这个假设就是，几何学
构建应当独立于几何学家的实践而存在，但他的反驳对于倾
向于相信永恒几何物体的人而言或许不是非常有说服力。这
个反驳建立在这个假设的基础之上，即在合适的构建出现的
同时，（i）构建自身直接可见，（ii）待证明的命题立刻被理

---

① 《形而上学》1051 a 21-33。关于此处指涉的这个段落与几何学证明，参见希
思：前引作品，第29—30页、第216—217页。

解为真。因此，如果合适于给定命题的证明的构建具有一个
独立的存在，那么，亚里士多德坚称，任何几何学问题都可
以在一眨眼之间得到解决。但作为一个心理学问题，（ii）显
然为假，而永恒几何物体的信徒也不必然会承认（i）："为什
么"，他或许会反驳说，"应该容易地意识到永恒存在的事
物呢?"

亚里士多德谈及的"几何构建的产生（making of
geometrical constructions）"以及"分割"（例如用直线分割
平面）并不是一个物理实践（physical activity）和物理分割
（physical division）。它仅仅是在思想中进行的分割。[1] 因此，
亚里士多德在批判他归咎于柏拉图的学说的必然结论时，似
乎预见到了康德的一些非常典型的观点，即（a）几何学家
在一个直觉给定的（intuitively given）空间中进行构建，（b）
在创建几何学定理时，几何学家基本上是利用从公理进行的
逻辑推断，以及对他在直觉给定的空间里的构建的直接检
验。就后一个观点来看，亚里士多德关于几何学定理"证
据"的自信说法甚至让我们想到了叔本华（Schopenhauer）
对欧几里德推理过程的轻视（disparagement）[2]。

如果柏拉图如亚里士多德所说的那样相信几何学研究永
恒几何物体的领域，那么他当然就必须坚持现实几何无限的
存在。而另一方面，亚里士多德只认可潜在无限（potential

---

[1] W. D. 罗斯《亚里士多德形而上学》卷 II 第 268—269 页。
[2] 叔本华《作为意志和表象的世界》（*Die Welt als Wille und Vorstellung*），第
15 节。

infinite)。或许亚里士多德是为了回应一名柏拉图追随者的假设的反驳而用以下言语来捍卫他的观点：

> 我们不会通过在不可否定的意义上否证无限递增的实际存在，以此来去除数学家的科学。事实上他们并不需要无限，也不会运用它。他们仅仅假设自己能够如己所愿，任意延长有限直线。①

正如他否认"在递增方向上"存在现实无限一样，他同样也否认存在"通过分割得到的"现实无限。他说到，一个数值可以被二等分（bisect）的次数是无限的，但是：

> 这个无限是潜在的，而从不是现实的：可被取走部分的数量总是超过任何指定的数。但这个数不能从二等分过程中分离出来，它的无限性也不是一个永久现实，而是构成于即将发生的过程，就像时间和时间的数量（number of time）一样。②

亚里士多德断言，这个观点同样与数学科学的要求相冲突：

> 因此，对于证明的目的，取而代之以这样一种无

①　《物理学》207 b 27-31。
②　《物理学》207 b 12-16。

限，它将会存在于真正数值的范围之内，这对他们［数学家］而言没有任何区别。①

亚里士多德在此考虑到了——并以无效为由反驳了——一个假设的论点，它和亚里士多德所认为导致柏拉图相信永恒几何物体的论点属于同一类别。亚里士多德设想的这个论点如下：

几何学为真。

几何学真理预先假设了现实几何无限的存在。

因此：现实几何无限存在。

通过否认这个推论的第二个前提，亚里士多德避免了这个结论。

算术与几何［同它的姊妹科学（sister science）立体几何一起］，仅仅是柏拉图和亚里士多德所列举的数学科学当中的两个部分。这两位哲学家都往数学科学的列表中加入了天文学与和声学（harmonics）（音乐），此外亚里士多德还提到了光学（optics）（未见于柏拉图的列表）②。如附录 C 将要显示的那样，亚里士多德声称，柏拉图也假设了算术中间数学体。我们有必要追问，关于剩下的两类柏拉图所认同的数

---

① 《物理学》207 b 33-34。
② 《物理学》194 a 7-12、《形而上学》1078 a 14。

学科学，即天文学与和声学，亚里士多德是如何解释柏拉图的地位的。柏拉图的著述没有为这个假设提供证据，即柏拉图假设了一类中间天文实体（intermediate astronomical entities）或一类中间音乐实体（intermediate musical entities）。可理知的算术与几何物体的假设可以在看上去在一定程度上合理的范围内得到呈现，而与之并列的可理知的天文或音乐物体的假设却让我们为它们的荒谬而感到震惊，它们似乎在柏拉图和他的同时代人中也造成了同样的印象。现在，如果亚里士多德要以他解释柏拉图对算术与几何的看法的方式来解释柏拉图关于天文学与和声学的观点，那就会使我们对他的解释的准确性产生最严重的怀疑。但是看来他在这两组数学科学中做出了区分。关于算术与几何，他陈述到，柏拉图事实上假设了这些科学的中间物体。而关于天文学与和声学——以及一些在他看来柏拉图从未讨论过的其他科学——他则陈述，如果我们要把柏拉图的推理模式应用于这些科学，那么我们就会得出这样的结论，即这些科学也拥有它们的中间物体。亚里士多德评论说，这个结论是荒谬的，因此我们也不能够承认柏拉图本人起初在这些案例中应用的论点。前面引用的关于天文学的讨论就具有这个含义。以下段落进一步显示了亚里士多德的含义以及他在其中尝试证明有关数学中间物的论点会引向哪些荒谬的结论：

　　再说，怎么可能解决我们在关于难题的讨论中已经枚举（enumerate）出来的问题呢？正如几何学物体那样，天文学物体会同可感事物分开存在：但是天穹和它的部分——或任何其他具有运动的事物——怎么可能会分开存在呢？与之类似，光学物体和声学物体也会分开存在；因为在可感的或个别的声音和景象之外，还会有声音和景象。因此很明显，其他感觉以及其他可感物体都会分开存在；否则为什么它们当中的一类应该如此，而另一类不该如此呢？如果是这样，那么还会有分开存在的动物，因为会有感觉存在。①

如果我们拿第四章末尾处柏拉图的几何哲学的梗概同我们在此分析的亚里士多德的陈述相比较，那么我们就会发现，后者（直接）支持命题 I 到 IV，也间接支持 V。

①　《形而上学》1076 b 39—1077 a 9。

附录 B 对话集中的几何学主题

　　我将在这篇附录中简要回顾柏拉图对话集中最重要的段落，它们更直接关系到柏拉图是否除几何理念之外还假设了这些理念的理想完美实例的问题。（我将在此处略去《蒂迈欧》中关于空间的学说，因为在本书作者的观念里，它与目前论著的主题并不相关。）

1.《尤绪德谟》290 b-d

　　苏格拉底在《尤绪德谟》中提出了一个命题，它或许是苏格拉底伦理学（the Socratic ethics）的基本命题，即只有智慧或知识对人来讲才是真正的善[1]。于是就产生了问题：哪一种知识才是这唯一的善呢[2]? 在尝试回答这个问题的过程中，苏格拉底引入了两种知识的区分，即让其拥有者能够制造物体的知识，以及让其拥有者能够使用它的知识。这两

---

[1]　《尤绪德谟》279 b—281 e。
[2]　《尤绪德谟》288 d-e。

类知识不总相伴随，但除非有后者相补充，否则前者就对我们无益。当数种技艺，例如制造不同乐器的技艺和演讲的技艺因为这个标准的缘故而被摒弃时，苏格拉底对他的访谈者（interlocutor）即年轻的克里尼亚斯（Cleinias）建议道，也许将领（general）的技艺是一种会给予它的拥有者最大幸福（the greatest happiness）的技艺。克里尼亚斯不同意，因为——他说——将才（generalship）是猎人的技艺。

　　现实的打猎没有哪个部分，他（克里尼亚斯）回答道，比关涉追逐和征服的部分更重要；他们征服了自己所追逐的任意事物之后都没有能力使用它；猎人或渔夫把它交给宴席承办人（caterers），对几何学家、天文学家和计算者（calculators）而言也是如此——他们也是猎人，因为在每一种情况下，他们都不作图，却发现了存在的实在——因此，他们不知道如何使用他们的猎物，而只知道如何狩猎，我把这看成是他们把自己的发现交给了辩证家（dialecticians）去合适地使用——如果他们有任何理智的话。

　　非常好，我（苏格拉底）说，英俊又天才绝伦的克里尼亚斯；那么事实果真如此吗？

　　确定地说，是的；并且因此对将领来说也同样如此。他们在攻下一座城池或一个军队之后就把它交给了政治家——因为他们自己不知道如何使用他们的猎物——我想，正如鹌鹑狩猎者（quailhunters）把他们打到的鸟交给鹌鹑保管人（quailkeepers）一样。于是，如果，他继续说道，我们寻找的是其自身会知道如何使用它通过制造或通过追逐而得到的东西的技艺，如果这种技艺会让我们得到祝福（blessed），那么我们就必须摒弃将才，他说，以及找到某种其他的技艺。[①]

在此，克里尼亚斯把狩猎的技艺同制造的技艺相提并论，并把这两种技艺都列在使用的技艺的级别之下。将领的技艺仅仅是打猎和抓捕，因此逊于利用将领的战利品的政治家。数学科学——几何学、天文学与数理逻辑——和哲学辩证法之间也存在着同样的关系。数学家不创作"示意图（ta diagrammata）"，而仅仅发现实在（ta onta）；只有辩证家才知道如何运用数学发现。

diagramma 这个词在古希腊数学术语中具有多个不同的含义。它可以指称我们现代意义上的示意图，即为某个数学目的而作的几何符号，也可以指称一个数学命题或一个数学证明[②]。在现存文本中的这些解释当中，第一个看上去是最自然的。

这个简短的段落预示了日后在《理想国》中得到更完整解释的一些观点：（i）数学家真正的兴趣不在于他们画出的符号中。（ii）数学家研究的实在是独立于数学家的实践而存

---

① 《尤绪德谟》290 b-d。

② 关于 diagramma 这个术语，参见 W. D. 罗斯《亚里士多德形而上学》卷 I 第 234、295 页、卷 II 第 268 页。

在的；数学家发现但不创造这些实在。（iii）对于这些实在的纯数学研究不知何故并不完整。（iv）它必须通过辩证法而变得完整。

显然，构成《尤绪德谟》中的这个简短陈述基础的数学哲学在本质上是《理想国》里的内容①，只有参照后者才能完全理解这一陈述。我认为尝试从上引段落中抽取出关于我们在此特别感兴趣的问题的任何独立信息是徒劳的，这个问题就是柏拉图是否假设了几何中间物。这个段落承认这个解释，即几何学家研究的实在不是他们所作的符号，而是独立存在于理念世界中的符号，但这个段落本身并没有排除其他的解释。

2.《斐多》74 b-c

《斐多》中给出的关于灵魂不朽的第二个证明建立在回忆说的基础之上。我们关于理念世界的现有知识是对我们生前所学的回忆，这个回忆由我们对——总是不完美地——相似于理念实体的可感特殊物（sensible particulars）的知觉所引起。或许是通过对《美诺》的暗指②，据说这个事实确证了回忆说，即如果以正确的方式对人提问，那么这些人就可以在没有任何先前所学的情况下给出正确答案。这个事实在

---

① 参见 A. Speiser《柏拉图的理念与数学》 （Platons Ideenlehre und die Mathematik），《瑞士哲学社年刊》卷 2 第 125－127 页（*Jahrbuch der schweizerischen philosophischen Gesellschaft*, vol. 2, 1942, pp. 125-127）。

② 《斐多》73 a-b、《美诺》81 a—85 e。

这些问题关乎几何符号的情况下尤为明显。接着就有一个对这个学说更加缜密的论证。柏拉图选择了相等概念的例子：是我们对等量木头或等量石头这类事物的知觉引起了我们对相等自身的回忆。任何此类相等的可感实例都因为下列原因而不同于相等自身：

> 虽然等量的石头和木头都保持着原样，但它们会不会有时在一个方面看上去相等，而在另一个方面却不相等呢？
>
> 当然会。
>
> 好的，那么绝对相等（auta ta isa）在你看来到底会不会不相等，或相等在你看来到底会不会是不相等（Inequality）呢？
>
> 不，苏格拉底，从不。
>
> 那么，他说，这些相等物（＝石头等等）就不同于相等自身。①

片刻之后，苏格拉底得出了结论，即任何一对构成相等实例的可感物体仅以类似于相等自身为目标，但是达不到相等。关于回忆说的证明继续进行并得到了完成。我们在证明过程中获知，这个学说旨在不仅应用于相等，还应用于"大于和小于"、美的理念、善的理念、正义的理念等等，一言

---

① 《斐多》74 b-c。

以蔽之，应用于一切在问答辩证过程（dialectic process）中被标记为绝对存在的事物①。

尽管回忆说具有如此宽广的范围，但它在数学尤其是几何学当中的应用在目前这个文本中也非常前沿。这个学说的初次引入让我们想到了此前《美诺》中的几何学相关段落，这些段落给出了对它的证明。接下来的新证明为一个数学例子所作，即相等的概念。在想要体现这个学说的范围不局限于这个例子而是包含所有绝对存在的时候，柏拉图首先提到了"大于"和"小于"的关系，这两个关系与相等的关系紧密联系在一起。

《巴门尼德》中的这三个概念——相等、大于、小于——在它们的数学意义上得到了运用，其解释如下。两个事物，如果它们具有等量的尺度，那么它们就相等。两个可比较的事物，如果其中一个事物具有更大的尺度，那么它就大于另一个事物，而如果它具有更小的尺度，那么它就小于另一个事物。在不可比较的案例中，柏拉图似乎给出了一个循环解释（circular explanation），即如果 a 为 k·m 的值而 b 为 k·n 的值，那么根据尺度 m 大于或小于尺度 n，a 就大于或小于 b。（这个解释是一个循环解释，因为 a 和 b 的不可比较性，隐含了尺度的不可比较性）。这三个概念显然旨在应用于任意数量，无论是对于数还是对于几何量级，亦或是对

---

① 《斐多》75 c-d。

于其他任何种类，就如在欧几里德公理中那样①。《斐多》中的几何学解释从给定例子的角度来看是最自然的：一块木头（在几何学上）等于另一块木头，一个石头（在几何学上）等于另一块石头。

在引自《斐多》的数行文字中，三个事物被区分开来：

（i）任意两个相等的感觉物体，

（ii）绝对相等（auta ta isa），

（iii）相等自身（auto to ison，isotes）。

（i）在这样一个基础上同（ii）和（iii）相对比，即相等的可感物体不是完全相等，而绝对相等物（absolute equals）在任何方面都总是相等的，以及相等总是区别于不相等。我们可以首先观察到，柏拉图在此断言了相等的完美可感实例的不存在，因而也断言了他的一个普遍学说的特殊案例的不存在，这个普遍学说就是：数学理念不具有完美的可感表现②。但是，在他的推理中扮演重要角色的"绝对相等物"是什么呢？（ii）和（iii）都被视为同美的理念、善的理念等一样，一并属于理念存在界。因此柏拉图在此显然是在假设数学相等（mathematical Equality）的理想完美实例。既然相等的概念适用于任何种类的数量，那么这类完美实例就可以是——举例来说——完美相等的数学数，以及完美相等的几何符号。但是，因为这些绝对相等物同几何相等

----

① 《巴门尼德》140 b-c。参见《后分析篇》76 a 40—76 b 2，以及希斯《亚里士多德论数学》第53—54 页。
② 参见 IV 9。

（geometrical equality）的不完美感觉实例相对比，所以完美相等几何符号的概念就最合适于柏拉图的话语所自然引起和表达的思路。

但有一种情况让一个问题变得可疑起来，这个问题就是：我们是否能够把如此大的重要性赋予对"绝对相等物"的提及？对"绝对相等物"的提及仅仅作为过渡出现，我们或许可以这样解释它，即它在柏拉图所希望用于表达自己的论点的形式中成为必要，而不是把它看成一个经过充分考虑的理论的表达。柏拉图有兴趣证明的一个直接结论就是（i）区别于（iii）。证明一个事物区别于另一个事物的一个明显方式就是显示某个论断相对于一个事物为真，而另一个与之不相容的论断相对于另一个事物为真。这显然是柏拉图思想中的论证形式。但至于这两个推论：

（a）	（b）
任意两个相等可感物体，在某些方面不相等绝对相等物，在每一个方面都相等没有两个相等可感物体，是绝对相等物。	d：o 相等从不会是不相等。 没有两个相等可感物体是相等（Equality）。

只有（a）真正符合预期的模式，而只有（b）引向预期的结论。实际上柏拉图只做出了（b）的结论，但他也使用了（a）的第二个前提，仿佛这个前提同他所做出的结论相关。那么，柏拉图或许仅仅是在保留逻辑外观（logical appearances）的一个"尝试"中，引进了对绝对相等物的提及：这个提及让我们（以及柏拉图）想到了有效的推论（a），我们（包括柏拉图本人在内）一不小心就有可能把无效的（b）同有效的（a）相混淆。

即使这个观点包含着某些真理，柏拉图所论证的逻辑也包含有另一个方面。我们应该把现有论证同另一类论证相比较，这一类论证出现在柏拉图对理念论的几处解释当中。例如在《希琵阿斯前篇》中，柏拉图清楚地描述了任意特殊美的事物（如漂亮女孩或漂亮容器）和美自身之间的区别。他指出，任意特殊美的事物不比丑陋更美，而美自身对一切都是美的，并且总是美的①。这类推理的形式如下：

> A 的任意可感实例，都不完美地相似于 A（A-ish）。
> A 自身（A 的理念），完美地相似于 A。
> 因此，A 自身与它的任意可感实例相区别。

A 的理念完美相似于 A，这个断言暗示理念是其自身的一个实例。因此如第三章表述过的那样，它毫无疑问同理念论的基本原则冲突，并且在这个理论中引入了一个矛盾，而《巴门尼德》中的这两类无限回归是这个矛盾的体现。《希琵阿斯前篇》中的论证被应用于美的概念，这是一个类别概念（class-concept），而在类别概念的案例中，柏拉图所使用的

---

① 《希琵阿斯前篇》289 a-d、291 d、292 e。

希腊语的特性促进了它的产生。柏拉图的希腊语可以把美的品质命名为一个短语，这个短语的字面翻译（literal translation）是"美物自身（the beautiful itself）"（auto to kalon）。这个措辞（phraeology）非常恰当地表达了柏拉图思想的模糊性，而这一点或许也是这个措辞的部分起因。

《斐多》将同一类型的论证应用于相等的概念。这不是一个类别概念，而是一个关系概念（relation-concept）。在柏拉图的希腊语中，相等的概念也可以通过字面意思为"相等物自身（the equal itself）"（auto to ison）的短语而得到指涉，并且柏拉图在《斐多》中把这个短语当作了"相等（equality）"（isotes）的同义词进行使用。当应用于相等时，现有形式的论证就暗示这个关系被看作了它自身的一个完美实例，正如当应用于美时，它暗示美的品质也是被如此看待的。但是，相等的一个完美实例并不是一个单独的完美相等事物，而是一对完美相等于彼此的事物。因此，对于这个潜在的模糊思想而言，　　"相等物们自身（the equals themselves）"（auta ta isa）这个短语会是比"相等物自身"更合适的表达，且实际上它会同"美物自身"这类短语之间形成更好的逻辑对应关系（logical correspondence）。我们在尝试理解柏拉图那似谜的文字（enigmatic words）时或许应当考虑到这个情况。或许"相等物们自身"在某种程度上对于柏拉图而言和"相等物自身"是同一种事物，和"相等"即被看作其自身的完美实例的相等关系也是一样。

《巴门尼德》中的一段类似的段落确证了对这个段落的

后一种解释。在《巴门尼德》129 a—130 a 中，苏格拉底说到，存在一个相似性理念（an Idea of Similarity）（eidos ti homoiotetos）和与之相反的不相似性理念（Idea of Dissimilarity），分有前者的事物相似，分有后者的事物不相似，而同时分有两个理念的则同时相似于和不相似于彼此。在第三个案例中，苏格拉底没有发现任何问题，但他坚持认为，如果可以证明绝对相似物（absolute similars）（auta ta homoia）不相似，或（绝对）不相似物（ta anomoia）相似，那么就会导致疑问。事物可以同时分有一性理念和多元理念（the Idea of Plurality），这是可以接受的，但如果可以证明一性理念是多，或（绝对）多（ta polla）是一，这就会导致困惑。总的来说，事物可能分有相反理念的事实并不足为奇，但如果理念自身展现出同一种纠缠（entanglement）：如果两个相反理念——例如相似性和不相似性、多元（plethos）和一性、静止和运动——可以同时与彼此分离，又同彼此结合在一起，这就很奇怪了。显然，在这个段落当中，柏拉图只对区分什么掌握分有理念的事物和什么掌握理念自身感兴趣。他只把"多"当作"多元"的同义词来使用：这两种表达都指称多元理念、多性理念（the Idea of Many-ness）。同样，他把"绝对相似物"当作"相似性"或"相似性理念"的同义词使用。我认为我们可以从他对术语的现有选择中做出唯一的推论，即他把理念看作是其自身的完美实例。

3. 《理想国》中的线喻（the simile of the line）

在《理想国》卷 VI 中，苏格拉底解释了线喻下的人类知识界：

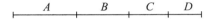

A＋B，线的"上面（upper）"部分，代表可理知界，而 C＋D，"下面（lower）"部分，代表可感［可见（visible）］界。对应于可理知界的认知官能（cognitive faculty）被称作知识（episteme），而对应于可见界的认知官能则被称作观念（opinion）（doxa）。知识分为理性（noesis）（A）和思想或理知（dianoia）（B），观念分为信仰（pistis）（C）和想象（eikasia）（D）。① 首先，可理知界同可见界相区别，而后出现了后者的对分：

那么，想象一下，我［苏格拉底］说，如我们刚才所说，有这两个实体［善的理念和太阳］，其中之一统治着可理知的秩序（order）和领域，另一个则统治着眼球的世界（the world of the eye-ball），甚至可以说是天球（sky-ball）的世界，但我们暂且不谈论它。你肯定理解了这两个类型，可见的和可理知的。

---

① 对官能名称的选择，柏拉图稍微有些犹豫，他暗示自己把具体选择看得无关紧要（533 d-e）。《理想国》477 a-b 中的 episteme 或 gnosis 同 508 d 中的 nous 与 doxa 形成对比。511 d-e 中的 noesis 被用于四个基本官能当中的最高级官能，而 534 a-b 中的 episteme 也作此用，noesis 与 doxa 相反。

我〔格劳孔〕理解。

那么，如其所是，用一条分成两个不等部分的线〔A＋B和C＋D〕代表它们，然后按照相同比例再次分割每一部分（即可见部分和可理知秩序部分），接着在得到它们相较而言的清晰和模糊比例的表达之后，你会在可见世界〔C＋D〕的一个部分中得到图像〔D〕。我说的图像的意思首先是影子（shadows），然后是水和密集表面的反射、光滑的质地（texture）以及这个类别的一切事物，如果你理解的话。

我理解。

至于〔C＋D，即C的〕第二部分，假设这是其中的一个图像，即我们周围的动物以及所有生长的事物，还有整个类别的制造物（manufactured things）。

我这样假设了，他说。

你是否愿意说，我说道，〔C和D中C＋D的〕关于真理或相反的分割是通过这个比例（proportion）来表达的：可设想物（opinable）〔C＋D〕和可知物（knowable）〔A＋B〕的比例，对于相似性（likeness）〔D〕，和其中作为相似性〔C〕的事物的比例而言，也是如此。

我当然愿意。

接下来，苏格拉底简短地暗示了这样一个原则：它规定可理知部分必须同样分为两个部分。

那么，再思考一下我们将要用于分割可理知部分
[A＋B] 的方式。

以什么方式？

通过这个区分，即有一个部分 [B]，它迫使灵魂把
之前的分割当中模仿的事物 [C] 看作图像，并通过它
而从中出发，不是到达一个第一原则，而是得出并研究
一个结论的假设。与此同时，还有另一个部分 [A]，它
在其中从它的假设行进到一个非假设的开端
（unhypothesized beginning），并且在其中不使用另一个
部分所采用的图像 [C]，而是唯独通过理念来进行
追问。

结果我们发现，B 部分对应于数学科学，而此刻苏格拉底也
更加完整地解释了是什么将这些科学从纯粹理念科学（pure
science of Ideas）中分离了出来：

我不完全明白你说的意思，他说。

好吧，我再尝试一次，我说，因为你在听过这个开
场白（preamble）之后就会更好地明白。我认为你已经
意识到了，几何学、数理逻辑和所有这类学科领域的学
生首先会假设奇数、偶数、不同符号、三类角，以及其
他在每一个学科分支中相似于它们的事物，把它们看作
已知，并将它们陈述为假设，不屑于对它们自身或其他
人作进一步的交代，而是理所当然地认为它们对每个人

来说都很明显。他们从这些事物出发且从此坚持追问，并以自己做出的研究作为结论。

当然，他说，我知道。

难道你不是同样知道他们使用可见理型（visible forms）并谈论它们吗？虽然他们没有想到这些理型，而是想到了它们与之相似的事物，但他们是为了正方形本身和对角线本身而不是为了他们所画出的正方形或对角线的图像而进行追问的。在所有的案例中都是如此。他们所铸造和画出的在水里具有影子和它们自身图像的事物，在他们看来仅仅是图像，而他们真正追求的则是看到那些只能为心灵所见的实在。

的确如此，他说。

那么，这就是我描述为可理知的类别［B］，事实的确如此，但它首先以此为条件，即灵魂被迫采用在对它的研究中做出的假设，而不是由此得出第一原则，因为不能让自身摆脱并超越这些假设；其次，灵魂将其作为图像使用的物体［C］自身，为它们之下的类别［D］所复制，并且同后者相比较，它们因为清晰而得到了尊敬。

我明白，他说，你说的是我们归入了几何学以及与之同宗的（kindred）艺术。

可理知界的 A 部分，即纯粹理念科学，在此获得了适当的名字，即辩证法。它的本质也得到了进一步的解释：

那么，你应该明白，我说，我所指的可理知的另一个部分［A］的意思是理性自身通过辩证法的力量而掌握的这一部分，不把它的假设看作开端，而是看作真正的假设，或者也可以这么说，看作台阶和跳板，为的是它能够上升到不被假设的、作为一切开端的事物，以及在掌握它之后能够向下到达它的结论，依附于那些依附于它的事物不使用可感物体的任何内容，而仅仅通过理念自身对理念自身而使用理念自身，并终止于理念。

我明白，他说；但不完全明白，因为出现在你的思想中的不是一个简单的任务。但我确实明白你意图区分实在方面和可理知方面，你借助辩证法［A］的力量把它看成是比始于假设［B］的所谓的科学更加清晰的事物。虽然思考［B］的人的确被迫使用他们的理知而非感觉，但由于他们在研究这些事物时不回归它们的开端，而是从你不认为他们对这些事物具有真知的假设出发，尽管这些事物自身在同第一原则相联系而得到领会时是可理知的。并且我认为，你之所以把几何学家的思想习惯及其相似物称作理解而不是理性，是因为你把理知看成了介于观念和理性之间的某个事物。

最后，苏格拉底用以下文字总结了线喻：

我说了，你的解释很充分；现在，为了对这四个部分做出解释，让我们假设出发生于灵魂中的这四种情感

（affections）：最高的理性［A］、位居第二的理知［B］；把信仰归于第三位［C］，最后是想象［D］，然后，考虑到它们和分有真理的物体拥有同等程度的清晰，那么就应当按照比例来分配它们。

我明白，他说；我同意，并将按照你的要求安排它们。①

把线分为它的四个部分代表着心智官能（mental faculties）物体之间的某种关系以及心智官能自身之间的某种关系。以上引文的最后部分已经明确陈述了情况就是如此。线段之间的比例：

(i) $\dfrac{A+B}{C+D}=\dfrac{A}{B}=\dfrac{C}{D}$

官能之间的"比例"：

(ii) $\dfrac{知识}{观点}=\dfrac{理性（辩证法）}{理知（数学）}=\dfrac{信仰}{想象}$

以及对应官能物体之间的"比例"。虽然（i）暗示 B＝C，但是，这显然是数学符号表达（mathematical symbolism）的一个意外特征，它不应当具有任何特殊含义。优越性（superiority）的同一种关系似乎不仅位于 A＋B 和 C＋D 之间、A 和 B 之间以及 C 和 D 之间，还位于 B 和 C 之间。这四种官能，即理性、理知、信仰和想象，旨在形成一个（某种意义上的）降序序列（descending sequence），它们的物体也

① 《理想国》509 d—511 e。

如此。

那么现在，柏拉图用于支持不同官能的物体是什么，尤其是数学理知（mathematical understanding）的物体是什么呢？柏拉图把理念本质（ideal essence）界分配给了知识，把生成界（realm of generation）、可见世界或——更加概括地说——可感世界分配给了观念[①]。同样，他明确地把不同类别的事物，分配给了三个更加基础的官能，也就是说，把理念分配给了理性，把不仅仅是图像的可见或可感事物分配给了信仰，把这些可感事物的图像分配给了想象。但柏拉图在何为数学体以及这些物体如何与刚才提及的三类物体相关联的问题上却异常沉默寡言。在《理想国》卷 VII 中，当苏格拉底在片刻之间重新开始讲述线喻时，他再次根据心智官能解释了线的含义，但拒绝详细说明它的客观含义：

> 但它们［官能］的客观相关物（correlates）以及它们当中的每一个相关物朝向两部分的分割——即可设想物和可理知物——之间的关系，让我们暂时搁置这个问题，格劳孔，以免它把我们卷入数倍于此前持续时间的讨论。[②]

实际上主要是和数学体相关的信息被保留了下来。苏格拉底

---

① 《理想国》479 e、509 d、534 a。
② 《理想国》534 a。

在这一点上保持沉默的原因——这个讨论会显得过于冗长——暗示，柏拉图本人感觉到数学体向我们提出了一个特别困难的问题。

在我们引用的这一段话中，苏格拉底说到，数学家的兴趣在于"正方形本身"和"对角线本身"，即正方形的理念和对角线的理念。苏格拉底明确认可的辩证法和数学之间的唯一区别是方法论上的双重（twofold）区别：（1）数学家使用可见示意图（但它们不是适于数学家研究的物体），而辩证家不依赖于感觉知觉的数据进行探索。（2）数学家把自己的证明建立在他们认为理所当然、不需要从第一原则提取出来的某些假设之上；而辩证家则回归第一原则，并把它当作他所有论述的基础。在做出这个区分的过程中，苏格拉底同时断言，辩证法的高级方法（superior method）也可应用于可理知界的范围，而数学家则通过低级方法（inferior method）来研究这个范围。

对数学特性的阐述暗示了两种可供选择的解释。（a）柏拉图在撰写关于线的寓言时或许持有这样一种观点，即数学和辩证法都是关于理念的研究，以及数学仅仅被它采用一种低级方法的事实衬托为学问的一个分支。他是否这样认为：如果数学从方法论上的劣势当中解脱出来，那么它就不再会是一门单独学科，而会成为辩证法的一个附属（subordinate）部分？（b）也有可能，柏拉图区分了两种理念，即辩证研究的适用范围以及属于数学界的理念。实际进行的数学研究因此会由于这两个事实而起始于辩证法，即数学研究所探究的是辩证法适用范围之外的一类理念，以及数学研究采用了一种低级的方法。即使辩证法的高级方法被引入了数学，数学仍然会通过其单独的主题而与辩证法相分离。

但是，这两种解释当中的任意一种都不够令人满意。解释（b）看上去尤为牵强，因为柏拉图并没有在任何地方表现出这样一种倾向：将数学理念罗列为逊于其他理念的理念，并要将其从辩证法领域中剔除出去①。解释（a）遗漏了许多柏拉图的解释并未阐明的特征。此处有一些明显的点，或许会被用于反对这个解释：

（i）柏拉图说到四种官能——理性、理知、信仰和想象——在清晰度方面彼此关联，正如它们的物体在真理或实在方面彼此关联一样。辩证法知识以最高的清晰度为特征，另外三种官能则以降序排列在它之后。与此类似，辩证法研究的理念具有最高程度的实在性，而较低一个程度属于数学体——无论它们可能是什么——更低程度的实在，在信仰和想象的物体之中得到显现②。如果数学体在真实度上逊于理念，那么它们就不可能是理念。

（ii）图像和原型（original）之间的关系在线喻中扮演着重要角色。普遍的可感现象，即观念的物体，在某种程度上

① 参见以《斐多》75 c-d、100 b—101 d、103 b—104 b、《巴门尼德》129 a—131 a 为例的篇目。
② 《理想国》511 e（官能和物体以相似方式关联）、508 d（知识高于观点）、511 c（辩证法高于数学）、509 d—510 a（信仰高于想象）、511 d-e（理性高于理解高于信仰高于想象）。

是理念实体的图像，这些理念实体是真实知识（genuine knowledge）的物体①。想象的物体，即影子、水中倒影以及类似的现象，是信仰物体，即动物、植物以及其他更加坚硬的事物的图像。后一种类的现象反过来可以被视为数学真正关心的事物的图像②。因此，图像和原型之间的关系看上去就是线喻所断言的某种关系的含义的一部分，即不同类别的物体之间的关系。这个断言所表达的内容的一部分似乎是这样一个命题：正如可感世界是理念世界的图像一样，数学界也由辩证法所研究的理念图像构成，影子等固体可感物体的图像也是如此。

　　尽管在《理想国》卷 VII 的开头部分，线喻的所有细节和洞喻（the story of the cave）的所有细节之间不存在明确的相似性，但柏拉图本人依然以一种普遍方式将这两个寓言联系了起来。根据他的一个解释——他作了两个解释——我们应当以如下方式理解洞喻：仍然居住在洞穴里、且仅仅意识到墙上的影子的人们的状态，对应于醉心于观念、且同真知脱节的人们的状态。任何人在要离开洞穴时，他首先只能看见影子，以及外部世界的人和其他事物在水中的倒影；过了一会儿，当他的眼睛更加习惯于阳光时，他就可以直接思考真实事物，最后，他就可以把眼睛转向太阳自身。这样的一个数学家就好比一个仍然只意识到影子和倒影的人，而辩

① 这似乎由《理想国》510 a 所暗示，其中观点的物体，据说与理性的物体相关，如同模仿与其所模仿的事物相关。此外参见 III 21。
② 《理想国》509 d—510 a、d-e。

证家则对应于一个辨明了真实事物自身以及领会了善的理念的人——就像看见了太阳自身①。在此，我们把数学家研究的事物看作辩证法所研究的理念的图像。在这个语境中，柏拉图也的确强调了数学在方法论上的低级性。数学在尚未证明自身最终前提的情况下仅仅是对存在的幻想②，并且同样，两种印象在此处形成了竞争，其一是方法论上的低级性是数学的明显标志，其二是数学只关涉到理念图像。

（iii）在《理想国》卷 V 中，柏拉图陈述了一个普遍原则，即不同认知官能必须与不同类别物体相关联。这个普遍原则成为了以下结论的原因，即知识和观点这两种不同的官能必须关涉不同的物体，前者关涉真实存在，后者关涉介于存在和非存在之间的事物③。四种官能，即理性、理知、信仰和想象，看上去将形成这样一个案例：柏拉图将会对这个案例应用这项普遍原则。当然，除非他在撰写卷 VI 和卷 VII 时忘记了这回事。

我认为（i）到（iii）之下提及的情况对解释（a）非常不利。根据解释（a），数学和辩证法的区别完全是方法论上的区别。柏拉图阐述的逻辑似乎要求他把一个单独类别的物体分配给数学，并且他说起来就像是他的思想中的确有过这样的某个类别一样。当然，柏拉图的阐述模式对于他的"真实思想（real thought）"而言或许并不恰当，他也可能误解

----

① 《理想国》532 a—533 c。

② 《理想国》533 b-c。

③ 《理想国》477 c—478 d。

了自己思想中的内容。但有两个段落,柏拉图分别在其中更加直接和更加间接地定义了同时与理念和可感现象相分离的某些数学体。

苏格拉底关于数学所说的一切旨在应用于算术与几何。现在,就算术而言,在《理想国》卷 VII 中,苏格拉底提到了一类不具有柏拉图理念特有属性的数。附录 D 分析了这类数的定义,并发现它与《斐勒布》和《泰阿泰德》当中陈述的其余定义相符。它也符合亚里士多德对所谓的数学数的定义,根据亚里士多德的解释,数学数是柏拉图的中间算术物体。柏拉图在撰写《理想国》时是否意识到了其中定义的数不可能是理念的事实?或许他并没有。但我们普遍认为对话录《斐多》和《理想国》完成于柏拉图生平中的同一时段,并且柏拉图在《斐多》中显示出他意识到了上述事实。如果我们假设他在撰写《理想国》时具有与之相同的知识,那么我们就可以假设线喻影射了这些数。

在《理想国》卷 VII 中,苏格拉底从算术过渡到了几何,这是未来守护者(guardians)理论教育的第二部分。在这个过程中,苏格拉底和格劳孔一致认同关于这一学科的以下分析:

> 关于它,我们就说这么多吧,他〔格劳孔〕说,正如它在战争行为中的应用显然是合适的一样。因为在处理露营、对强大地区的占领、将部队列为方阵以及在现实战役和行军中的其他编队方式的过程中,研究过几何

学的军官同没有研究过的军官相比会有很大不同。

但是，我［苏格拉底］说，少量的几何学与数理逻辑仍然能够满足这些目的。我们需要考虑的是，其中更大以及更先进的部分是否倾向于促进对善的理念的理解。我们断言，我们可以在这样一些研究中找到这一倾向：这些研究迫使灵魂将其视野转向这样一个领域，实在当中最神圣的部分居留于这个领域之中，它必须持久，这非常重要。

你是对的，他说。

那么，如果它迫使灵魂思考本质，则它就是合适的；如果它迫使灵魂思考起源（genesis），则它就是不合适的。

我们断言如此。

它至少，我说，不会为那些哪怕只具有少许几何学知识的人所反驳，那些人不会认为这门学科同它的专家在其中使用的语言直接矛盾。

怎么会这样呢？他说。

他们的语言非常荒唐，虽然他们无法避免，因为他们说起话来就像是他们在做着什么，以及他们的所有言语都直指行为一样。他们的所有话语都是画正方形、应用、相加以及类似的行为，而事实上整个研究的真实物体却是纯粹的知识。

绝对如此，他说。

那么，我们难道不是必须认同一个更进一步的观点吗？

那是什么呢？

那就是，这是关于一贯存在着的事物的知识，而不是关于某个有时存在、有时消亡的事物的知识。

这一点已经得到了承认，他说，因为几何学是关于永恒存在的知识。[①]

在此，苏格拉底重申了克里尼亚斯在《尤绪德谟》当中以及苏格拉底本人在《理想国》卷 VI 中所做出的断言，即真正的几何学知识是关于永恒实在（eternal reality）的知识。但是，他从这个前提得出了一个在之前的情境下并没有得出的结论。既然几何学家研究的主题是永恒实在，那么几何学的日常语言就是不合适的；与几何实在（geometrical reality）的本质相反，这种语言给我们造成了几何学家作用于这一实在，并且改变了它的表象："他们的所有话语，都是画正方形、应用、相加以及类似的行为而事实上整个研究的真实物体是纯粹的知识"。苏格拉底并没有告诉我们什么才是几何学中的合适表达模式。也许他的意思是，语言不提供任何描述几何实在的合适方式："他们的语言非常荒唐，虽然他们无法避免。"但是在这个解释下，我们可以提出反驳，即辩证法同样是关于永恒实在的知识，而柏拉图显然不认为一种合适的语言不可能在辩证法中出现。在《蒂迈欧》中，柏拉

---

① 《理想国》526 c—527 b。

图将会以非常明确的术语来陈述自己认为何种类型的语言只
适合于对永恒实在的描述：对于永恒存在之物，我们一定不
能说它"曾经是"或它"将会是"，而只能说它"是"①。那
么就让我们探究一下，如果一个几何学家承认这个建议，他
会说些什么。他不会说，自己"画正方形（squares）"，即创
造一个正方形（creates a square），而似乎不得不说（永恒）
存在一个正方形。他不会说自己把一个事物"加上"另一个
事物，即创造它们的总和，而似乎会说它们的总和（永恒）
存在。如此等等。当我们以这种方式把几何学从动态语言翻
译成静态语言时，我们就会发现，几何学自身断言了几何概
念永恒实例（eternal instances）的存在。

　　当然，我们不知道柏拉图在撰写我们正在讨论的这一段
落时是否意识到了这个暗示。也许他没有，但也许他也有。
如果他意识到了，那么线喻尚未定义的几何物体就会在此处
得到暗指。

　　尽管中间物学说在《理想国》中没有得到清楚表达，但
我们还是可以这么说，即它在力求显露出来。柏拉图似乎是
一只脚站在这个立场上（standing with one foot in the
position），即如果我们合理地理解了数学，那么我们就会认
为数学是关于理念的研究；而他的另一只脚则站在另一个立
场上，即数学的特殊界存在于中间数学体之中。

　　《理想国》卷 VII 所提供的学科研究将几何学同算术、天

---

① 《蒂迈欧》37 e—38 a。

文学与和声学放在一块儿讨论。在附录 D 中，我们将会回到
对算术的讨论。虽然柏拉图关于天文学与和声学的观点不在
本书讨论的狭窄范围之内，但是关于它们，我们在此也必须
说点什么。柏拉图坚称关涉运动的这些科学同样具有两个方
面，即经验的方面和理性的方面。天文学的经验部分研究的
是可以为视觉所感知的天体的现实运动。因此这项研究的物
体都是可感现象，无论它们可能是多么的恒常与规则，它们
仍然属于变化和可消亡的世界。不管它们可能与关于它们的
数学描述多么相符，这个描述也绝不会达到绝对的、精确的
真理。天文学的理性部分忽略了天上的事物，我们也只能以
和理性几何学（rational geometry）相同的方式，通过"问
题"去探索它。和声学的经验部分关涉到现实声音（actual
sounds），因此它与经验天文学（empirical astronomy）处于
同一境况。和声学的理性部分研究的是"普遍问题
（generalized problems）"，并思考"哪些数是内在一致的
（inherently concordant），哪些数不是，以及分别为什么是与
不是"。①

　　表面上，柏拉图坚称的经验方法与理性方法的区别同
《理想国》所考察的所有科学之间的区别相同：一方面是算
术与几何学，另一方面是天文学与和声学。或许我们可以将
柏拉图关于这两组科学的观点在表面上的相似性视为针对我
们对他的几何（以及算术）哲学的解释的反驳。"在柏拉图

① 《理想国》527 d—531 c。

看来，如果理性几何学（以及理性算术）处理可理知物体以
及理念和可感特殊物之间的中间物的领域，那么——我们或
许可以说——对于天文学与和声学而言也必须同样如此。但
是接下来，柏拉图的学说就会隐含亚里士多德所指出的荒谬
性。既然这些学科处理的是运动，那么柏拉图就会致力于假
设可理知的、永恒的运动。既然这不可信，而经验方法与理
性方法的区别在天文学与和声学、几何学与算术中也同样如
此，那么我们就不能把关于中间物体的假设看作是柏拉图几
何与算术哲学的真实部分。"

　　但是这个推论离结论依然相去甚远。毫无疑问，柏拉图
没有假设天文学与和声学的中间物体。这个假设会显得过于
荒谬，而我们在柏拉图的著述中也不能发现有关这个假设的
任何细微线索。但是我们为什么应该假设，柏拉图所断言的
不仅仅是几何学与算术被分为经验部分和理性部分以及天文
学与和声学之间的类似分割这二者之间的类比呢？在所有的
案例中，理性研究考虑的都是普遍问题，即（我们可以这样
说）构建某些假设——它们在可感世界中或许可以也或许不
能大致得到实现——并研究从这些假设出发可能推导出什
么，而经验研究则局限于对可感事实的描述。在柏拉图的观
念中，这个普遍相似性不妨碍几何学与算术的理性部分区别
于它们的经验部分，而天文学与和声学的理性部分则以同样
的方式区别于它们的经验部分。

4.《斐勒布》56 c—59 d，61 d—62 b

与《斐勒布》中关于什么构成真正善的生活的讨论相关，知识的不同分支以它们的精确程度即真理和纯粹的程度为序而排列。这个序列的"上面"部分结果如下：

1. 普通人的数学。
2. 纯粹哲学数学。
3. 辩证法。

上述的"普通人的数学"和"纯粹哲学数学"被称作"原始"艺术或科学，与依赖于经验和猜测（guesswork）（例如音乐）的这类技术知识（technical knowledge）截然相反。"纯粹哲学数学"和辩证法共同构成属于教育（education）和文化（culture）的知识，与根据其实用性而获得评价的知识截然相反。两种数学之间的区别主要就算术而言得到解释。非哲学的算术，处理的是可感物体的数量，而哲学的算术则研究由绝对相等的单元构成的数。据说，两种几何学之间的区别与之类似，但我们在此暂不进一步详细说明。"普通人的数学"和"纯粹哲学数学"之间的普遍区别总结如下：

普鲁塔克：……让我们做出如下陈述，即我们跟前的艺术以及在它们当中涉及到真正哲学的努力的艺术，高于其他一切艺术。它们在对尺度和数的使用当中，在精确性和真理性的层面，无限高于其他一切艺术。

苏格拉底：就让这像你说的那样吧；那么我们可以依赖于你、而自信地回应巧妙的辩论。

普鲁塔克：回应什么？

苏格拉底：有两种算术、两种测量的艺术以及许多其他的同源艺术，它们也类似地是孪生子，尽管它们分享着同一个名字。①

在后期文本中，这个讨论到达了哪些形式的知识应该进入善的生活的问题，对于几何学而言的区别的意义，在以下文本中得到了进一步解释：

苏格拉底：知识与知识相区别：一类关心发生（come into being）和消亡的事物，另一类则关心既不发生也不消亡，而是恒常不变的事物。以真理为由，重新审视它们，我们可以得出结论说，后者比前者更真（truer）。

普鲁塔克：完全如此。

苏格拉底：那么，如果我们在配制我们的混合物（对善的生活的定义）之前要考察每一类知识当中哪些部分是最真实的，那么这些部分的融合是否足以构建以及提供给我们一个完全可以接受的生活，或者说，我们

---

① 《斐勒布》57 c-d。

是否仍然应该需要某个不同的事物呢?

普鲁塔克:我个人的观点是,我们应当按照你说的那样去行动。

苏格拉底:现在让我们想象有一个人,他明白正义自身是什么,也能够以符合他的知识储备的方式对这个事物做出解释,此外,他对其他一切事物自身也有类似的理解。

普鲁塔克:很好。

苏格拉底:这样一个人,如果他可以对神圣的圆和神圣球体(Sphere)自身提出自己的解释,但对人类的球体和我们的圆却一无所知,那么因此在修建房屋的时候,他所使用的并不逊于这些圆的规则是否属于另一个类别?

普鲁塔克:苏格拉底,我被我们用在自己身上的限于神圣知识的描述感动得不亦乐乎。

苏格拉底:那是什么?难道我们要把虚假规则和虚假圆的艺术同我们的其他原料一起注入我们的知识,尽管这些虚假规则和虚假圆缺乏这类知识所涉及的不变性(fixity)和纯粹性(purity)吗?

普鲁塔克:如果我们想要在需要的时候找到回家的路,那么我们必须这样做。①

_____

① 《斐勒布》61 d—62 b。

辩证法，即最高种类的知识，被简单地描述为"对是其所是、存在于实在当中、永不变化的事物的认知"①。它与自然科学（natural science），即关于"我们周围的宇宙、它如何起源、如何运作，以及事情如何发生在它身上"的研究相对②。自然科学"与永远是其所是的事物无关，而只和正在发生，或将要发生，或已经发生的事物相关③"，因此自然科学当中不存在精确的真理：

> 我们发现了不变性、纯粹性、真理以及我们所命名的完美的清晰性，它们或见于永恒不变且不以任何形式相混合的事物之中，或见于非常相似于它们的事物之中；而我们必须认为其他一切都是低级且次重要的事物。④

虽然《斐勒布》在讨论的过程当中一度将辩证法等同于对永恒存在的认知，但在另一些时候它同样也将哲学类的几何学视为一种关于永恒存在的科学。我认为我们可以猜测说，《斐勒布》真的把数学的哲学分支视为关于永恒的可理知实在的科学。

在附录 D 中，我们将会详细分析《斐勒布》中关于算术

---

① 《斐勒布》58 a。
② 《斐勒布》59 a。
③ 同上
④ 《斐勒布》59 c。

的哲学部分的描述。如果要预测这个分析的结果，那么我们或许就可以说，哲学的算术如《斐勒布》中描述的那样关涉不具有构成理念的一些本质属性的数，并且这些数与《理想国》《泰阿泰德》以及亚里士多德的数学数所定义的算术数（numbers of arithmetic）相同。在《理想国》中，我们陈述了同一个可疑的假设，即柏拉图意识到了他赋予哲学算术的数同他赋予理念的数之间的区别，从这个假设可以推导出柏拉图在《理想国》中预先假设了一类永恒、但即便如此也依然与辩证法所研究的理念相区别的算术物体。

关于几何学，我们已经明确知道它的经验部分是虚假规则和虚假圆的艺术。这个意思是，在科学的几何学（scientific geometry）的精确定义中，感觉世界中可见的直线都不是直线，以及精确地说，可见的圆都不是圆。如果对关于"球体""圆""直线"的论述做一个概括，那么我们就会发现，根据《斐勒布》里的详细描述，感觉世界中不存在欧几里德概念的完美实例，因此采用这些概念的经验几何学就至多仅仅是近似真实。

哲学几何学在《斐勒布》的描述中是关于什么的呢？一个明显的答案是，它是关于神圣圆、神圣球体和类似事物的科学，即关于几何理念的科学。但与此同时，柏拉图似乎在思考这样一个房屋建造者的可能性：他只熟悉哲学几何，并因此不得不使用"神圣的"圆和"神圣的"直线（规则），而非像木匠的圆规（compass）和尺子那样以寻常的方式画出"人类的"圆和线。这样一个人会处于一个荒唐的境地——因为一个（得到暗示的）原因，例如没有人可以沿着一条"神圣的"直线建造一堵墙。当然，尽管这个段落没有太大的份量，但它似乎也暗示着哲学几何学精通"神圣"即几何理念的永恒完美实例。

《斐勒布》关于数学的段落的整个要旨似乎都指向了中间几何物体学说：（1）关于辩证法的论述暗示辩证法单独处理最高形式的实在，即理念。（2）作为哲学数学的原型呈现出来的哲学算术被描述为关于非理念数的研究。以及最后，（3）这个段落包含了我们刚才考察过的对的确描述得不完整且不明确的几何概念永恒实例的暗指。

5.《第七封信》342 b—343 b

柏拉图在《第七封信》中列举了五种事物，我们可以这么说，它们构成了走向真正实在（true reality）的阶梯。它们以这样一种顺序排列：一个事物的名称、它的定义、它的可感实例、关于这些可感实例的知识和观点，最后是这个事物自身：

> 那么，如果你希望理解我现在所说的内容，那就举个单独的例子，并从中学到适用于一切的东西吧。有一种物体叫作圆，它的名称是我们刚才提到的那个词；第二，它有一个定义，由名词和动词构成；因为"它在任何地方从端点到中心都是等距的（equidistant）"，会成为具有"圆的（round）""球形的（spherical）"以及

"圆（circle）"这个名称的物体的定义。第三，有一个物体正在被描画和擦掉，或被用车床描绘，然后损坏；但这个圆自身没有受到其中任何一个意向（affections）的伤害，所有其他这一切都是因为由此相区别而与之关联。关于这些物体的知识、智慧和真实观点位居第四；我们必须假设它们构成了一个单独的整体，它不存在于口头表达或肢体形式之中，而是存在于灵魂之中；很明显，它借此区别于圆自身的本质，也区别于前面提到的三者。在这四者当中，智慧最接近于第五者，其余则被进一步排除。

对于直的和球体的形态、颜色、善、公平、正义以及所有实体都同样如此，无论这些实体是人工制造的还是天然形成的（例如火、水以及所有此类实体），对于所有生物以及所有道德行为或灵魂中的激情也是一样。①

前四者和第五者之间的区别得到了下述进一步的解释：

每一个完成于几何实践或由车床画成的圆都充斥着与第五者截然相反的性质，因为它到处与直相接触；而圆自身如我们已经确证的那样在其自身中包含了既不大于、也不小于相反的本质的部分。我们也确认了，这些物体当中的任何一个都没有一个固定的名称，也没有任

---

① 《第七封信》342 b-d。

何事物可以防止这些现在被称为"圆的"理型被称为
"直的",反之亦然;人们会发现,这些名称在被改换或
应用于相反意义上的时候依然牢牢固定着。此外,同一
个描述也完全适用于定义,因为定义由名词和动词组成,
并且在任何情况下都没有充分固定。对于前四者当中的
每一者也都如此,它们的不准确性(inaccuracy)是一个
无止境的话题……①

此处明显有两件事情值得注意:首先,柏拉图明确陈述
了在感觉世界中不存在任何几何理念(例如圆、直线、球体)
的完美实例。一个可感的圆到处与直相接触,也就是说,如
果我们让一条直线接触到一个可感的圆,那么这两者就不只
有一个交点(如果它们符合纯粹几何学定义及定理,那么它
们就应该只有一个交点),而是"相接触(in contact)"(在多
于一个点上)。其次,柏拉图在他的图表中并没有为任何作为
几何理念完美实例的理想几何物体留下位置。

这是否证明在《第七封信》成书的时候,亚里士多德归
于柏拉图的中间几何物体学说并没有出现在柏拉图的思想中
呢?鉴于《第七封信》中的详尽解释的特殊目的,我认为我
们无权得出任何此类结论。柏拉图仅仅把圆的概念视为普遍
概念的一个例子,关于这个例子,他所说的内容旨在应用于
任何其他概念。在讨论圆的例子时,如果柏拉图考虑到了这

———————
① 《第七封信》343 a-b。

一概念的这些不见于所有概念中的特征，那么这种情况就会具有误导性。现在，中间物体仅仅和数学概念相联系——如果它们与任何概念产生联系的话。因此，即使《第七封信》的作者相信中间数学体学说，我们也非常能够理解他为何不在信中提及这一学说。

附录 C　亚里士多德对柏拉图算术哲学的分析

　　我在这篇附录中将会指示并部分引用亚里士多德著作的选段，这些选段是我重构柏拉图的算术哲学时的主要依据。

　　虽然亚里士多德的阐述杂乱无章、重复、经常过度含糊且有时明显不自洽，但其中某些条目（items）也明显突出。我们已经在附录 A 中建立了如下观点（亚里士多德学者普遍承认这些观点）：（1）根据亚里士多德的阐述，柏拉图假设了三个实体界，即理念或理型、数学中间物体，以及可感事物。（2）数学体是如理念自身般理想的永恒实体。（3）但是，每一个理念都是独一无二的事物，而每一类数学体则有很多。（4）此外，理念数学体是数学理念的唯一完美实例。

　　亚里士多德对柏拉图的数学哲学的阐述在柏拉图对几何学的看法同他对算术的看法之间维持了一个相当严格的对应。亚里士多德将以上图表综合，同时应用于柏拉图学说的这两个部分。根据亚里士多德的阐述，柏拉图也认为算术符合这个图表：存在（i）某些算术理念或理型，即所谓的"理念数"或"数理念（Numbers Ideas）"，（ii）属于中间数学体类别的所谓的"数学数"，以及（iii）我们所数的可感事物或可感事物的集合。柏拉图相信理念数和数学数以及前者是理念，这在以下段落中得到了陈述，在这个段落中，"一些人"无疑指涉柏拉图和这个描述："具有一个之前（before）和之后（after）"，它意味着理念数：

> 一些人说，这两种数都存在，一种具有一个之前和之后，和理念同一，而数学数同理念和可感事物相区别，两种数都与可感事物相分离……①

算术界的中间物体是某种数，以亚里士多德展开对永恒实体问题的讨论的形式为例，这一点通过这样的形式得到了进一步体现：

> 关于这个主题有两个观点；据说数学体——即数、线及其相似物——是实体，并且我要再次说明，理念是实体。②

这些数是算术中间物体，它们就是所谓的"数学数"，我们

---

① 《形而上学》1080 b 11-14。
② 《形而上学》1076 a 16-19，参见 991 b 27-31。

已经可以从到目前为止建立起来的观点得出这一结论了。以上所引段落接下来的内容以暗示的方式陈述了这一结论：

> 既然一些人（即柏拉图）把它们视为两个不同的类别——理念和数学数……那么我们必须首先考虑数学体……①

在例如以下段落的文本中，这个结论得到了明确陈述：

> 一些人首先假设了两种数，即理型的数和数学的数，他们既没有说明也不能说明数学数如何能够存在，以及数学数由什么构成。因为他们把数学数放在了理念数和可感数之间。②

现在让我们逐条考察第 117-118 页③上的概述以及亚里士多德的文字将它表达到了什么程度。

一、数学数
（一）它们由某些理念"单元"或"1 们"构成。

1. 一个数学数是单元的聚集体。

---

① 《形而上学》1076 a 19-23。
② 《形而上学》1090 b 32-36。
③ 原书页码。（译者注）

数学数是这样数的——在 1 之后是 2（除前一个 1
之外，还由另一个 1 构成），然后是 3（除这两个 1 之
外，还由另一个 1 构成），其余数以此类推。①

2. 单元是理念（永恒）实体。亚里士多德没有直接陈
述这一点。但这是从亚里士多德的断言中得出的不证自明的
结论，亚里士多德断言数学数自身属于理念实体类别，且这
些数由单元构成。

（二）存在这类单元的无限供应。我们在亚里士多德的
著述中，找不到包含这层意思的直接陈述。但是，接下来的
（五）对其有所暗示，亚里士多德明确断言了（五）。

（三）理念单元之间没有区别：两个这样的单元完全不
可区分。

在数学数中，没有任何一个单元以任何方式区别于
另一个单元②。

数学数由无差别的单元构成，它的真理性的证明符
合这一特性③。

（四）一个理念单元不包含任何多元部分，或组成物，
或特性：我们无论从任何观点来考察这样一个单元，它都是

---

① 《形而上学》1080 a 30-33。
② 《形而上学》1080 a 22-23。
③ 《形而上学》1081 a 19-21，参见 5-7。

一，并且仅仅是一。亚里士多德在对比柏拉图和毕达哥拉斯关于数的观点时部分证实了这个陈述。毕达哥拉斯学派也相信一种数学数，但这种数学数同柏拉图的数学数有一个重要区别：

> 只是不是由抽象单元构成的数；他们认为这些单元具有空间量级①。

这样一个陈述或许可以与之比较：

> 在数量上绝对不可分的是一个点或一个单元——没有位置的是一个单元，而有位置的是一个点②。

（五）每一个数学数都有无限多的副本。从数学数属于中间物体类别的断言之中以及存在诸多对应于每一个数学理念的中间物体的断言之中，我们可以得出这个结论，即每一个数学数都有诸多副本。亚里士多德也以一种更明确的形式陈述了这一观点。有一个据称为柏拉图式的观点，即所有理念包括人的理念都是数，并且暂时将这些数等同于数学数。亚里士多德在批判这个观点时说道：

---

① 《形而上学》1080 b 19-20。
② 《形而上学》1016 b 29-31。

> 相似和无差别的数有无限多个，因此，任意一个特殊的 3，都不比任意其他 3 更加人自身（=人的理念）(no more Man-himself)。[1]

（五）的理由在另一个段落中得到了暗指，亚里士多德在其中说到，如果一个人“数学地（mathematically)”谈及“数学体”，那么他就一定会赞成“任意两个随机选择的单元构成 2”[2]。

（六）基础算术运算（elementary arithmetical operations）是简单的集合论概念。这个假设构成了亚里士多德关于数学数的整个讨论的基础，但我们难于引用任何一个简洁细密地表达了相关内容的陈述。一个更小数是一个更大数的子集(subset)，这个观点在 II，(A)，(1)，(i) 下引用的陈述中得到了含蓄断言。

（七）数学数是算术所研究的数。这一点为“数学数”这个名称所暗示。根据亚里士多德的解释，把柏拉图引向他对中间数学体的信仰的思路也暗示了这一点。

二、理念数

关于柏拉图的理念数概念的分析，只能部分证明亚里士多德的权威性。

---

① 《形而上学》1081 a 10-12，参见 1002 b 12-25。
② 《形而上学》1080 b 28-30。

（一）它们是理念，即一性理念、二性理念、三性理念等等。我们已经引用了一个段落，亚里士多德在这个段落之中陈述了柏拉图（以"一些人"指涉）把"具有之前和之后的数"即理念数视为与理念同一①。理念，即理念数的所是，不过是一性理念、二性理念、三性理念等等，这一观点在以下面这个段落为例的文本中得到了体现，亚里士多德在这个段落当中研究了思想的不同可能性：

因为有可能任何一个单元都与任何其他单元不可联系，也有可能"2 自身（2-itself）"中的单元同"3 自身（3-itself）"中的单元不可联系，概括地说，每一个理念数中的单元都与其他理念数中的单元不可联系。②

（二）作为理念的理念数是简单实体。

（三）尤其是，它们不是诸如数学数的单元的集合。这些条目的权威是柏拉图而非亚里士多德。在附录 D 中分析柏拉图对于数的陈述时，我们会发现柏拉图谈及了一类作为理念且不是单元集合的数。假设这些数是理念数——亚里士多德将这一假设归于柏拉图——而我在概述中忽视了亚里士多德的矛盾陈述。[事实上，总的来看，亚里士多德把理念数看成是（were）单元的集合，虽然是"有差别的"和"不可

---

① 《形而上学》1080 b 11-14。
② 《形而上学》1081 a 2-5，参见 1082 a 26—b 1、b 23-32。

联系的"单元的集合。关于他的阐述的这一部分，参见 80—84 页①]。我们知道，在柏拉图看来，所有的理念都是绝对非组合的。

（四）算术概念的定义不适用于理念数。在某个假设之下，关于数的真理必须是柏拉图曾说的那样，并且"数［即理念数］一定不能彼此联系②"。此处陈述的柏拉图理念数的"不可联系性"似乎意味着它们彼此之间不存在算术关系（arithmetical relations）（例如"小于"关系），而我们也不能在它们之间进行算术运算（例如相加）③。

（五）在理念数当中存在一种"优先次序"关系，它们根据这一关系以平行于数学数序列的顺序排列，即根据大小排列。我们已经引用了一个段落，它赋予了理念数"具有一个之前和之后"的特征。我们可以将这一点同《尼各马科伦理学》（Nicomachean Ethics）中的一个选段相比较：

> 引入这个学说［即理念学说］的人没有假设类别的理念（Ideas of classes），他们在其中认识到了先后（priority and posteriority），因此他们没有坚持把所有数的理念的存在包含于其中。④

———————

① 此处疑为原书页码（编者注）。
② 《形而上学》1083 a 31-35。
③ 参见 V 25。
④ 《尼各马科伦理学》1096 a 17-19，参见《形而上学》1019 a 1-4。

理念数序列根据"优先次序"排列，它与数学数序列平行，而数学数根据大小排列。我认为以下段落体现了这一点：

于是，数学数是这样数的——在 1 之后是 2（除前一个 1 之外，还由另一个 1 构成），然后是 3（除这两个 1 之外，还由另一个 1 构成），其余数以此类推。而理念数则是这样数的——在 1 之后是一个不同的 2，它不包括第一个 1，然后是一个不同的 3，它不包括 2，其余数以此类推。①

（六）关于理念数的研究属于理念的普遍理论即辩证法。无论是柏拉图还是亚里士多德都没有在任何地方明确地陈述这一点。但他们也从未暗示算术理念在这方面应该具有一个不同于其他理念的位置。

（七）数学数是理念数和可感事物，或可感事物集合之间的"中间物"。我们已经引用了亚里士多德证明这个条目的段落。根据我们的解释，"中间性（intermediacy）"暗含了以下两个命题：

1. 理念数从未在感觉经验中得到完美例证。

2. 数学数是理念数的完美实例。

我已经在附录 A 中引用了一个段落，它证实这些命题是

---

① 《形而上学》1080 a 30-35。

亚里士多德对柏拉图的观点分析的一部分：

> 但是，认为数可分离（separable）[即是说，假设数
> 学数属于理念界] 的人 [柏拉图主义者] 假设，它 [数
> 学数] 存在并且可分离，因为 [算术的] 公理不适用于
> 可感事物，而数学 [算术] 陈述为真，并且问候灵魂；
> 数学中的空间量级（spatial magnitudes）也类似于此。①

就几何学而言，我们发现亚里士多德归于柏拉图的推理
具有如下形式：

> 几何学为真。
> 在感觉世界中，没有物体完美例示几何理念。
> 因此：几何理念的完美实例，必然存在于可感世界
> 之外。

完美实例的存在由此被推断出来，它们是几何学的中间
物体。亚里士多德归于柏拉图的关涉算术的论证与此类同。
因此我们必须将这一引用用于证实 III，（1）和（2）。

我在第 IV 部分概述了柏拉图的算术哲学，至于我的概
述能够在多大程度上得到亚里士多德权威的证实，这一点能
够即刻体现在对上述最后一段的考察之中。

----

① 《形而上学》1090 a 35—b 1。

附录 D　对话中的数

　　我总结了柏拉图的算术哲学，并认为其中第 I 点以及第 IV 到 VII 点在第五章中已经得到了充分证实。在这篇附录中，我将展现第 II 点和第 III 点所得到的支持。

　　显然，柏拉图在《理想国》《斐勒布》和《泰阿泰德》中，都假设了数学数的概念在《斐多》中，他则将自己视为理念的数同他视为数学数的数相对比。

　　1.《理想国》525 c—526 b

　　在《理想国》卷 VII 中，苏格拉底用以下方式，解释了哲学的算术：

　　　　更进一步说，我［苏格拉底］说，我突然想到，现在我们提到了数理逻辑研究，其中有一些精巧的事物在许多方面都对我们的目的有用，只要我们是为了知识而非为了自我吹嘘而追求它。

在什么方面呢？他［格劳孔］说。

关于我们刚才谈及的观点，它为什么强有力地引导灵魂向上并迫使它谈论纯粹的数，而从不默许任何人在讨论中把附着于可见实体和可触实体的数提供给灵魂。你无疑知道，在这个研究领域，如果任何人在论证中尝试把"一"切割开来，专家们就会笑话他，并拒绝允许此事发生；但如果你把它切碎，它们就相乘（multiply），总是提防着—竟然不显示为一而是显示为多个部分。

非常正确，他说。

格劳孔，现在假设有个人问他们："我的好朋友们，你们讨论的这些数是什么？在它们当中，一是你们所假设的那样，每一个单元都相等于每一个其他单元，它们之间没有任何区别，也不承认任何分割，是这样吗？"你觉得他们会怎样回答？

我认为——他们谈及的事物只能为思想所想象，除此以外不能以任何其他方式处理这些事物。

那么你发现了，我的朋友，我说，这个研究的这一分支看上去对我们而言确实不可或缺，因为它明显迫使灵魂采用纯粹的思想，其目的在于真理自身。

非常明显是如此。①

_____

① 《理想国》525 c—526 b。

　　这段对话由看上去只针对柏拉图时代的现实算术实践的描述开始。我们在第二章中已经知道，与柏拉图同时代的古希腊数学家不承认分数是纯粹算术（当作整数之间的关系）。但是，苏格拉底很快就从这个关于实践的描述过渡到哲学解释。在他所谈及的数中，每一个单元就精确地相等于每一个其他单元，并且更进一步说，每一个单元在其自身中绝对没有部分。这段对话的开头无误地体现了，苏格拉底在此谈及的是为算术学家自己所使用的数。因此，苏格拉底在此暗示了我们在概述中的 II，（A），（1），（3），（4）和（7）之下陈述的命题，根据我们的论题，这些命题是数学数理论的构成部分。

　　在前文中，我们已经有机会考察《理想国》卷 VII 中的论证，它引向了我们在此讨论的段落。苏格拉底争论道——我们已经知道——感觉经验不会提供给我们任何"一性"的真正实例，且由于这个原因也不会提供给我们任何数的真正实例。于是，苏格拉底就把理念单元界呈现为给算术学家提供他在感觉世界中徒劳地寻找的真正实例①。虽然苏格拉底本人并没有说这么多，但是这个论证思路清楚地暗示了只有数概念的完美实例才是理念单元的集合，或者用亚里士多德的术语来说，数学数的集合。如果说《理想国》中的这个论证一定也证实了我们概述中的命题 III，这就未免言过其实。理念数的概念在《理想国》中并没有得到明确的认可，并且

────────────

① 《理想国》523 a—525 a。

在缺少这一概念的情况下，苏格拉底在此并没能将他的论点表述清楚。但我们可以说，在此处命题 III 以萌芽阶段的陈述（embryotic state）呈现。被要求用于使这些命题明确的就是对理念数概念的有意识引进。学者普遍认为，《斐多》与柏拉图在《理想国》中的进展处于同一时期，《斐多》一书有意识地保留了这一概念。

2.《斐勒布》56 c-e
我们在《斐勒布》中可以读到：

苏格拉底：让我们把刚才说成是原始的艺术看成所有艺术当中最精确的。

普鲁塔克：我认为你说的是算术，以及你刚才提到的与之相联系的艺术。

苏：诚然。但是，普鲁塔克，我们难道不该把它们自身认作两个种类吗？你认为呢？

普：你指的是哪两个种类？

苏：首先说算术，我们不应该区分普通人的算术和哲学家的算术吗？

普：我能否问问这个对两种算术的区别建立在什么原则之上呢？

苏：有一个很重要的区别标志，普鲁塔克。普通的算术学家当然是操作不相等的单元：他的"二"可以是两个军队，或两头牛，或这个世界中，从最小事物到最大事物之间的任何两个事物；而哲学家与这名普通算术学家无关，除非这名普通算术学家同意将他那无限多单元当中的每一个单独的单元视为精确地与每一个其他的单独单元相同。

　　普：你谈及了以数为研究对象的人之间的重要区别，这当然是正确的，它证明了存在两种科学的信念，这是合理的。①

　　我认为，除非我们牢记普遍古希腊语在数的定义中使用的"单元"一词的模糊性，否则我们就不能完全理解这段对话。当苏格拉底说哲学算术的单元全都绝对相等而大众算术的单元则不相等时，他似乎仅仅是以这种模糊的形式在使用"单元"这个词。当苏格拉底断言大众算术的单元不相等时，他显然想到了两种不同的不相等，而没有清楚地将这两种不相等区分开来：（a）当他想到"两个军队，或两头牛，或这个世界中，从最小事物到最大事物之间的任何两个事物"时，大众算术学家采用了"不相等的单元（unequal units）"这个说法。在这个情况下，同一个数"2"被应用于指涉不同的单元概念："军队""牛"等等。（b）但是在这个情况下还存在另一种单元的不相等。例如，当我们想到两个军队这样的单元概念时，这两个军队自身在"单元"一词的一种意义上是单元，因为它们不是同一个军队，它们必须在某些方

———————

① 《斐勒布》56 c-e。

面"不相等"。——普通算术学家所数的事物或许是"这个世界中，从最小事物到最大事物"之间的任何事物，对这一事实的强调暗示它首先是（a）意义中的不相等，即苏格拉底在此处有兴趣指出来的那样。但是他显然没有严格区分意义（a）和意义（b）。

我们在此考察的大众算术为之赋予特征的单元的不相等在哲学算术中为单元的完美相等所替代。哲学算术的单元在何种意义上相等呢？显然，与这两个大众算术单元在其中不相等的意义相对应，也有两个哲学算术单元在其中可以被说成是相等的意义。（a'）哲学算术可以总是采用同一个单元概念。那么从一个单元概念转换到另一个单元概念（例如从"军队"到"牛"）的过程就永远不会发生在哲学算术之中。单元概念的这种恒常性本身并不意味着在位于单元概念下的对象的意义上，单元自身之间相等。（b'）但与大众算术的情况截然相反，归在哲学算术单元概念之下的物体也可能在其自身之间相等。——既然苏格拉底在他对大众算术的界定中尤其强调了意义（a）中的不相等，那么我们就可以期待他在描述哲学算术时特别强调在对应的意义（a'）中的单元相等。毫无疑问，这是苏格拉底的观点，即哲学算术一直采用同一个单元概念：纯粹的算术学家所数的总是理念数学单元，因此他的单元概念，是"理念单元"。〔参见亚里士多德在《物理学》中的论述："每一个事物都由某个与之同质的（homogenous）事物所测量，单元由一个单元所测量，马由一匹马所测量。"①〕但十分奇怪的是，这主要是指意义（b'）中的单元相等，苏格拉底在描述哲学算术时把我们的注意力引向了这一意义：此处，"无限多单元当中的每一个单独的单元被视为精确地与每一个其他单独单元相等"。显然，这些文字并不意味着无限多单元概念当中的每一个单元概念都与每一个其他单元概念相同。相反，它们意味着归在哲学算术单元概念之下的无限多个物体当中，每一个物体都和每一个其他物体相同。例如，当纯粹算术学家计算 2 和 3 的总和时，他构建了一个包含 2 个单元的集合与另一个包含 3 个单元的集合的总和，并且在数这个总和当中的单元时，他发现有 5 个单元。发生在这个计算中的单元全部相同。因此，《斐勒布》中对哲学算术数（numbers of pholosiphical arithmetic）的解释与《理想国》中的解释相同。命题 II，（A），（1），（2），（3）和（7）在《斐勒布》中得到了清楚地暗示。

　　出自《理想国》和《斐勒布》的选段，共同确证了柏拉图熟悉亚里士多德所描述的数学数概念。我们能够在这些对话中找到列举于 II，（A）命题下的（1）到（4）和（7）。我们没能证明命题（5）和（6）的真实性。但是这些命题和前述命题之间的逻辑联系非常强，以至于这个联系在其自身之中让这些命题发生于柏拉图的思想中的事实成为可能。或许命题（5）是亚里士多德首先从发现于柏拉图的著述中的前

────────────

① 《物理学》223 b 13-14。

提推导出来的结论。但我们很难怀疑柏拉图的确想到了命题
（6）所暗示的算术概念。

3.《泰阿泰德》198 a-d

苏格拉底和泰阿泰德在关于错误观点何以产生的讨论中
得到了这个初步结果，即错误观点属于思想和知觉的并集
（union），也就是说，错误意味着误把一个通过感觉知觉到的
物体当作另一个未被知觉到而仅仅是被思想到的物体。根据
这个假设，错误观点不能存在于对两个同时仅仅是被思想到
的不同物体的混淆之中。但是苏格拉底在此处发现了一个新
的难题：

苏："那么，"他［一位假设的批评家］会说，"我
们能否据此想象仅仅是思想到的数十一会是同样仅仅是
思想到的数十二呢?"来吧，这由你来回答。

泰：好吧，我的回答将是，一个人可以想象他看成
或触摸成十二的十一，但是他永远不会具有关涉到他思
想中的十一的观念。

苏：好的，那么在你看来，任何一个人在自己的思
想中想到五和七——我不是说在他的眼前放上七个人和
五个人并思想他们或任何此类事物，而是说抽象的七和
五，我们说它们是蜡块中的盖印，并由此否认形成错误
观点的可能性——把五和七看成它们自身，你会想象这
个世界上的任何一个人想到了它们，并自说自问它们的

总和是多少，一个人说出并想到了十一，而另一个人说出并想到了十二，或者所有人都会说出和认为那是十二吗？

泰：看在宙斯的份上，不，很多人说出了十一，如果你选取一个更大的数来考察，那么出现错误的可能性就更大。因为我假设你谈及的是任何数，而非仅仅是这些数。

苏：你这么假设是对的；想想在这种情况下，蜡块中的抽象十二，是否其自身不会被想象成十一。

泰：看上去是这样[①]。

由于这个反例，这个假设——错误观点是对思想和知觉的混淆——遭到了摒弃。作为对这个问题的更加令人满意的回答，苏格拉底暗示说，人的思想就像一个大鸟笼，而具有关于某种事物的知识就是在这个鸟笼里养上一只鸟，最后，有一种认识（knowing）类似于抓住一只已经囚禁于这个鸟笼里的鸟，并把这只鸟握在手里[②]。在最后提到的这个过程中或许会出现错误，因为一个人有可能抓住了错误的鸟。

苏：那么想想，重新捕获、抓取、握住，以及再次释放的过程需要什么样的表达，无论他喜欢这几种知识

---

① 《泰阿泰德》195 e—196 b。
② 《泰阿泰德》197 a-e。

当中的哪一种，无论这些表达是和原始获取（original acquisition）所需的表达相同还是其他的表达。但是通过这个说明，你会更好地理解这一点。你承认存在一种算术的艺术吗？

泰：我承认。

苏：现在假设这是对所有关于奇数和偶数的知识的追索。

泰：我这么做了。

苏：现在，我想，一个人是通过这种艺术掌握了数的科学，任何把这些知识传输给另一个人的人也是如此。

泰：是的。

苏：我们说当任何人传输这些知识的时候就是在教授；当任何人接受这些知识的时候就是在学习；当任何人通过获取这些知识，而把它们保留在我们的鸟笼里时，他就是知道了这些知识。

泰：当然。

苏：现在注意根据这一点可以推导出什么。完美算术学家的思想中具有所有数的科学，因此他是否理解所有的数呢？

泰：诚然。

苏：那么，这样一个人是否会数任何事物——要么是他自己头脑中的任意抽象数，要么是任意此类具有数的外部物体？

泰：当然。

苏：但我们会确证计数和思考任何问题中的数有多少是一样的。

泰：我们会的。

苏：那么我们会发现，如我们之前所承认的那样，知道所有数的人会思考他知道的知识，如同他不知道一样。你无疑听说过这类模糊性。

泰：是的，我听说过。

苏：那么继续我们对知识获取和猎捕鸽子的比较，我们会说，有两种类型的捕猎，一种发生在获知之前，为的是拥有，而另一种则为知识的拥有者所继续进行，为的是抓住他很久以前就获得的知识并把它握在手里。①

最后，苏格拉底解释了纯粹算术中出现错误的可能性：

因为有可能一个人具有的不是有关这个事物的知识，而是某种其他知识，在获取某一种知识的过程当中，不同种类的知识围绕着它，这个人犯了错误，获得的是一种知识而非另一种；因此，在一个例子中，他认为十一是十二，因为他获得了关于十二的知识，而不是关于十一的知识，关于十二的这种知识在他的思想中；

---

① 《泰阿泰德》198 a-d。

就好比他抓住了一只斑鸠，而不是一只鸽子。[①]

出自《泰阿泰德》的这个段落将两种事物互相对比，即抽象数或算术学家思想中的数以及具有数的外部物体，例如七个人和五个人。苏格拉底在此谈及的抽象数，显然不是理念数；抽象数出现在算术计算（arithmetical computations）中，而理念数则不然。虽然苏格拉底没有深入到关于这些抽象数本质的任何细节，但我相信我们完全可以得出这样的结论，即他想到的是所谓的数学数。

我犹豫着冒险指出，苏格拉底的话语同样以一种更加直接的方式支持了这一结论。苏格拉底说道，算术学家既可以数他自己头脑中的抽象数，也可以数具有数的外部物体。他补充说，计数等同于思考一个给定的数有多大。苏格拉底在此把估计一个抽象数大小的过程类比于计算一个集合的外部物体的数的过程。例如，当我们数三个物体 A、B、C 时，我们首先指着 A 并说"一"，然后指着 B 说"二"，指着 C 说"三"，最后得出结论说有三个物体。换句话说，我们在物体和正整数序列的起始部分之间构建了一个一一对应的关系：

$$
\begin{array}{ccc}
\text{A} & \text{B} & \text{C} \\
\updownarrow & \updownarrow & \updownarrow \\
1 & 2 & 3
\end{array}
$$

显然苏格拉底认为算术学家在计算 5＋7 的值时以同一

---

① 《泰阿泰德》199 b。

种方式行进。因此如果我们现在不能理解苏格拉底的言语——他把 5＋7 看作实体的集合——那么我们就可以把这个实体的集合同正整数序列的起始部分一一对应地关联起来。既然 5＋7 是抽象的 5 加上抽象的 7，那么它就必须是一个理念抽象实体（ideal abstract entities）的集合。但成为理念实体的集合即单元的集合或 1 的集合是数学数的特有属性。如果 5 和 7 的总和是一个包含十二个单元的集合，那么看起来算术相加就是构造两个集合的逻辑总和（logical sum）的一个实例。如果这个解释正确，那么《泰阿泰德》就证实了 II，（A），（1），（6）和（7）。

3.^①《斐多》101 b-d

数理念意义上的理念数概念似乎是普遍理念论的一个必然结果。但是在对话当中，这个概念只在一段对话中得到了详尽讨论^②。那就是在《斐多》中，当苏格拉底告诉西比斯（Cebes）自己是如何到达目前的哲学观点时，他阐释了自己对解释或因果律（causation）的早期困惑。他曾经以为，自己知道了不同现象的"为什么"。他以为自己知道，例如，一个大个子比一个小个子高出"一个头（by a head）"的

———————

① 此处疑应为"4.（译者注）。
② 算术理念当然在数个其他文本中也得到了提及，虽然没有类似于《斐多》中的详细讨论。参见《希琵阿斯前篇》302 a-c、《斐多》103 e—105 c、《理想国》510 c、524 d—525 a、《泰阿泰德》185 a-d、《巴门尼德》129 b—130 b、《智者》245 a-b、《治邦者》262 d-e、《法义》895 d-e。

知识：

　　"提到比它们更加清晰的事物，我认为十比八大，因为在八之上加上了二，我也认为二肘尺（two-cubit rule）比一肘尺（one-cubit rule）长，因为前者比后者超出一半的长度。"

　　"现在，"西比斯说，"你怎么看待这一切？"

　　"看在宙斯的份上，"他说，"我并不认为我知道任何这些事物的起因，我甚至不敢说，当一加上一时，被相加的这个一是否变成了二，或被加上的一，或被加上的一和被相加的一通过彼此相加而变成了二。我认为令人惊奇的是，当它们彼此分离时，每一个都是一，并且它们彼时都不是二，而当它们靠近彼此时，这个并置（juxtaposition）就成了它们变成二的起因。我还不能相信，如果一被分开，这个分割就会导致它变成二；因为这个起因和前例中制造二的起因相反；二因为一靠近并被相加至另一个一而出现，而现在则因为一被移除并和另一个一相分离。我甚至再也不相信我通过这种方法知道了一如何形成，或简而言之，任何事物如何形成，或毁灭，或存在。我也不再认可这种方法，而有了另一种我自己的、让我感到迷惑的方法。"①

---

① 《斐多》96 e—97 b。

　　这个新方法就是理念论使之成为可能的解释方法。在对阿那克萨格拉斯（Anaxagoras）的批判之后，苏格拉底继续概述这种方法：

　　　　"好吧，"他说，"这就是我说的意思。这不是什么新事物，而是我在我们之前的对话中和在其他地方一直在说的同一种事物。接下来我将要试着对你解释我正在研究的起因的本质，然后我会回到我们熟悉的主题，并以此作为我们的出发点。假设存在绝对的美、绝对的善、绝对的大以及类似的事物。如果你承认这一点，并且认同它们存在，那么我相信我会对你解释它们的起因，并且会证明灵魂不朽。"

　　　　"你可以假设，"西比斯说，"我承认这一点，继续吧。"

　　　　"那么，"他说，"看看你是否认同我的下一步。我认为，如果任何事物在绝对的美之外是美的，那么它之所以美，就不是由于别的原因，而是因为它分有绝对的美；这一点适用于每一个事物。你同意这个起因的观点吗？"

　　　　"我同意，"他说。①

更大的人因为头的原因而更大，这个假设现在看来极为荒

---

① 《斐多》100 b-c。

谬。真相很简单，就是更大的人"因为大，以及因为大的原因"而更大，而小的人仅仅"因为小，以及因为小的原因"而小①。

"那么，"他继续说道，"你会害怕说十比八大二，这就是十更多的原因。你会说，十是因为数以及因为数的原因而更多；二肘尺寸比一肘尺寸更大，不是大出一半，而是在数值上更大。你不会这样说吗？因为你会有同样的顾虑。"

"当然，"他说。

"那么，如果一被加至一，或如果一被分割，你会避免说这个相加或相除（division）是二的起因吗？不，你会大声宣称，任何事物除了可以通过分有它所分有的每一个事物的合适本质而产生之外，你不知道任何其他的方式。因此，除了二分有二元性并且要成为二的事物必须分有二元性，以及无论什么要成为一都必须分有一元性之外，你不接受二存在的任何其他起因，你也不会去注意相除和相加以及其他的此类细微差别（subtleties），而会把它们留给更加明智的人去解释。你会怀疑你的经验的缺乏，也会如一句谚语所说的那样，害怕你自己的影子；因此，你会紧贴我们那安全的原则，并且会像我说的那样回答。"②

---

① 12《斐多》100 e—101 a。
② 《斐多》101 b-d。

　　《斐多》中的这段对话对比（contradistinguish）了数的两个概念。其中之一得到了青年苏格拉底的青睐：数是通过对给定的数进行加减运算而生成的。例如，我们通过把 2 和 8 相加得到数 10："十比八大二"，或"十因为二，以及因为二的原因而大于八"。与之类似，我们通过把 1 和 1 相加而得到数 2。而根据另一个苏格拉底声称自己反思了很长时间的概念，理念或本质对应于所有术语，包括数字的术语。有一性理念、二性理念等等，并且像其他理念一样，事物有可能分有这些算术理念。某个事物可以成为一的唯一方式就是分有一性理念，二能够存在的唯一方式就是分有二性理念等等。

　　在数的第二个概念中，我们显然具有了亚里士多德所谈及的理念数。在此我们主要陈述三个区分理念数和数学数的特征。其一，第二类数显然据称为理念，它证实了我们的概述当中的 II，(B)，(1)。其二，它们不由单元或单元的集合构成。例如，二元性理念（Idea of Duality）不由两个单元构成：它的出现是二性可以表述任意给定的一对实体的起因。这一点证实了概述中的 II，(B)，(3)。其三，他们不是算术运算的对象：只要一紧跟这一类数，那么关于相加和相除就没有任何问题。这一点证明了概述中的 II，(B)，(4)。

　　在概述当中有一个唯一不得不依赖于亚里士多德作为哲学史家（historian of philosophy）的争议权威的条目，那就是 II，(B)，(5)。既然在柏拉图的著述中没有任何内容与他在 II，(B)，(5) 中坚持的假设相矛盾，那么我们在此也许就可以把亚里士多德那难以驾驭的（uncontrollable）陈述视为是正确的。

在《斐多》中被苏格拉底斥为不尽如人意的数的第一个概念是什么呢？看上去只有两种可能的解释：(i) 苏格拉底可能想到了抽象数在具体意义上可以描述的集合中的数。(ii) 他可能暗示的是数学数。我们可以把苏格拉底谈论"1的分割（division of one）"这一事实看作对后一种解释的反驳。我们记得在《理想国》中，柏拉图强调性地断言了纯粹算术当中的 1 的不可分割性。1 的分割似乎不是对纯粹算术中的 1 的分割，而是对例如一堆谷粒的物理分割，通过分割，这一堆谷粒变换成了两堆分离的谷粒。不管这是怎么回事，苏格拉底在一和一的相加中发现的问题都明显适用于数学数，就像它适用于具体意义上的数一样。虽然分割的问题仅仅发生在具体数的案例之中，但苏格拉底的批判整体而言似乎是针对任何作为集合的数，这无关乎它们是否是可感物体的集合或理念数学单元的集合。

我们应该把《斐多》中的苏格拉底对数学数的批判理解为柏拉图在此完全拒绝数学数的概念吗？如果是这样，那么我们就会有一个错综复杂的问题。根据当今柏拉图学者一致同意的观点来看，对话集《斐多》至少与《理想国》写成于同一时期，因此也就相应地早于《斐勒布》很长时间。如果在《斐多》中，柏拉图让他的知己（alter ego）苏格拉底把数学数的概念呈现为他曾经接受但在采用了理念论之后又被迫彻底放弃的概念，这就会显得很奇怪。而关于另外两部对话集，学界相信其中之一肯定晚于《斐多》写成，那么在这两部对话集当中，如果柏拉图让苏格拉底详细解释同一概念，把它解释成普遍科学理论的一个整合部分，这个普遍科学理论由同一个理念论所统治，这也会显得很奇怪。当然我们或许可以说，柏拉图有时对一种怀疑论表现出了某种青睐，这种怀疑论无意间发现了尚未得到解决的逻辑困难，但即便如此，他也不允许这些逻辑困难阻碍这个论证的进展：这些尚未得到解决的逻辑困难仅仅足以防止他和我们即他的读者对他推理的最终结果抱有太大程度的信心。（后期学园朝向怀疑论的发展不完全是历史上的意外事件。）如果苏格拉底在《斐多》中确实拒绝了数学数的概念，那么我们或许就可以说，这个拒绝仅仅旨在让我们意识到能够防止我们陷入教条的一个困难。既然柏拉图的所有哲学推理在某种程度上都只是试探性的，那么对这一困难的察觉就不需要阻止他继续使用同一个数学数概念。我不想教条地陈述这样一个观点是错误的。事实上，苏格拉底的话语暗示了柏拉图在单元的"相加"或"并置"的概念中发现了某种困难①。但是，如我们已经说过的那样，苏格拉底的批判（整体上）以同等

---

① 柏拉图自称在通过 1 和 1 相加所得的 2 的生成中发现了问题的一部分，他在《希琵阿斯前篇》302 a-b 中分解了问题的这一部分，在这一段中他发现，2 把苏格拉底和希比亚当作了整体而非个体来进行描述。——这是一个有趣的事实，即当后期怀疑论者为怀疑算术寻找原因时，他们借用了柏拉图在《斐多》中首次提出的论点。参见塞克斯都·恩披里柯（Sextus Empiricus）《反教条》（*Adversus Dogmaticos*）卷 IV 第 302—309 页。

效力适用于可感物体集合的具体意义当中的数以及数学数。如果苏格拉底质疑后者的存在，那么他同时就应该也怀疑前者的存在。但是，柏拉图让苏格拉底不认同可感物体集合的存在，这究竟是否可信呢？

我认为苏格拉底在此处主要有兴趣提出的是一个不同的观点。他并不真正否认数学中存在一个由两个并置单元构成的数 2。相反，他的观点是，"为什么一和一的并置是二？"这个问题不能通过这是一和一相加的情况这个陈述来给出令人满意的答案。这个问题同另一个问题类似："为什么人 A 比人 B 更高？"对后一个问题的一种不尽如人意的回答就是说 A 比 B 高出一个头。A 的确超出 B 一个头。但这个事实不是 A 比 B 更高的原因。正确的解释是 A 因为分有大的理念的原因而更高。与此类似，数学数 2 的确由两个加在一起的单元构成。但这个事实不是它之所以是二的原因。真正的原因是这个数学数分有了二元性或二性理念。

如果这个解释正确，那么我们正在讨论的出自《斐多》的这段对话就不仅仅认可了数学数和理念数的存在，还断言了前者分有后者。因此我们发现，柏拉图本人的话语证实了我们的概述当中第 III 条和第 IV 条之下的陈述的一部分。除了数学数分有理念数这一命题之外，III 和 IV 也包含了只有数学数真正分有理念数这一命题。这个命题我们不能在《斐多》中找到，但我们在前文中讨论过的出自《理想国》的段落隐含了这个命题。

致　谢

我是英语文学专业出身，主要创作英文先锋小说，哲学和数学算是我的爱好，因此我算是跨界完成了本书的翻译。鉴于此，本人自觉其中难免纰漏之处，恳请各位业界前辈不吝赐教！此外，我想借此机会表达对以下人士的感谢：

能够幸得翻译此书的殊荣，我首先得要感谢四川大学哲学系梁中和教授。我与梁老师相识有年，也曾随他在望江柏拉图学园中学习，这次能够主动请缨接下这项任务，全仗有梁老师的鼓励与信任。

感谢我的爷爷刘永向，他在全力支持我追逐文学梦想的同时，也提醒我不要放弃对于数学和自然科学基础知识的学习，在重病不愈弥留之际还给我留下了"数理生化步有阶""深广相济不须偏"的遗训，我至今谨记于心。

感谢我的父亲刘迅，他既是高校良师，也是家中慈父，为我的教育呕心沥血。他在英语方面对我的严格要求助我打下了较为扎实的英语基础，此外他也不遗余力地支持我在英国谢菲尔德大学追求自己的人文理念，让我得以零距离接触西方的文科学术前沿。正是由于父爱的付出，我才能够在文学创作与学术翻译的道路上逐渐成长。

感谢我在大学本科阶段的导师高继国，高老师擅长数学，并提醒我在自学哲学的过程中重视数学，并在教学中进一步发掘和培养了我的数学思维能力，因此能翻译此书，除了我的兴趣、热望和信心使然外，必然有高老师的教导之功。

感谢本书原作者的一双儿女 Tom Wedberg 先生，Nina Wedberg Thulin 女士授权本书译本在中国大陆出版。

感谢东方出版中心陈哲泓先生为本书提出的详尽的编辑建议，本书终稿即根据他的建议改定。

译者

2022 年 9 月 23 日

YE BOOK

让 思 想 流 动 起 来

官 方 微 博：@壹卷YeBook
官 方 豆 瓣：壹卷YeBook
微信公众号：壹卷YeBook
媒 体 联 系：yebook2019@163.com

壹卷工作室
微信公众号